すうがくの風景 3

野海 正俊・日比 孝之……[編]

結び目と量子群

村上 順………[著]

朝倉書店

編 集 者

野海正俊　神戸大学大学院自然科学研究科

日比孝之　大阪大学大学院理学研究科

まえがき

　結び目の数学的な取り扱いは位相幾何学の主要な一分野として発展してきたが，1980年代になって量子群や結び目のジョーンズ多項式が登場し，結び目がほどけるかなどといった問題と量子群とが深く関係していることがわかってきた．本書ではこの結び目と量子群の関係をなるべく平易に解説しようと試みた．
　結び目自体は具体的に目に見えるものであり，大学に入ってから習うような位相などといった抽象的な理論を知らなくても理解できることが数多くある．例えば，本書の第1章の中で説明した結び目の3彩色数と呼ばれるものは，結び目から簡単な計算で決まる数であり，その結び目が決してほどけないことがこの数からわかったりする．ジョーンズ多項式と呼ばれる量子不変量も，本文を読んでもらえばわかるように，いわゆる理系の人にとってはそれほど難しくなく理解できるものである（と思う）．
　結び目が古くから人間生活と深くかかわり合ってきたものであるのに対し，量子群は非常に新しい概念である．これはリー群やリー環といった空間の対称性をあらわすための数学的な構造を，"量子化"と呼ばれる方法で一般化して構成された．リー群，リー環というのは，合同変換，あるいは相似変換といったもの全体を数学的にとらえたものである．これらについての表現論と呼ばれる手法を紹介した上で量子群についても対応する事柄を解説した．sl_2 と呼ばれる最も簡単な例についての説明ではあるが，数学や物理学などで幅広く使われているものであり，知っておくと役に立つことが多い．
　前半では量子不変量から結び目をみており，後半では量子群を結び目からとらえようとした．そして，このような複数の視点で考えることにより，結び目と量子群に共通する数学的本質に少しでも迫ろうというのが本書の目的である．
　本書の執筆と前後して，ジョーンズ多項式と結び目の補空間の双曲構造（負

の定曲率空間としての構造）との関係がしだいに明らかとなってきており，量子群が単に結び目の不変量と対応するばかりでなく，幾何的な構造とも本質的な対応があることがわかりつつある．このような最新の研究への橋渡しとしても本書が役立つことを願っている．

　最後に，執筆に際しいろいろお世話になった朝倉書店編集部の方々に感謝する．

　2000年5月

村　上　　　順

目　　　次

0. 序　　論 ………………………………………………… 1

1. 結び目とその不変量 …………………………………… 7
   1.1 結　び　目 …………………………………………… 7
      1.1.1 結び目の数学的取り扱い …………………………… 7
      1.1.2 結び目の図 ………………………………………… 9
      1.1.3 ライデマイスター変形 …………………………… 10
      1.1.4 結び目の例 ………………………………………… 13
      1.1.5 向きのついた結び目 ……………………………… 19
   1.2 不　変　量 …………………………………………… 20
      1.2.1 結び目の見分け方 ………………………………… 20
      1.2.2 結び目の不変量 …………………………………… 21
      1.2.3 不変量の例 ………………………………………… 21
   1.3 ジョーンズ多項式 …………………………………… 23
      1.3.1 ジョーンズ多項式の定義 ………………………… 23
      1.3.2 ジョーンズ多項式の計算法 ……………………… 24
      1.3.3 鏡像のジョーンズ多項式 ………………………… 28
   1.4 状態和を用いた不変量 ……………………………… 31
      1.4.1 状　態　和 ………………………………………… 31
      1.4.2 3 彩 色 数 ………………………………………… 35
      1.4.3 カウフマンの状態和 ……………………………… 43
      1.4.4 ライデマイスター変型との関係 ………………… 44
      1.4.5 ジョーンズ多項式との関係 ……………………… 47

1.4.6　ジョーンズ多項式の正当性 ………………………… 51
　1.5　さまざまな多項式不変量 …………………………………… 51
　　1.5.1　アレキサンダー多項式 …………………………… 51
　　1.5.2　ホンフリー多項式 ………………………………… 53
　　1.5.3　カウフマン多項式 ………………………………… 54
　　1.5.4　平　行　化 ………………………………………… 60

2. 組紐群と結び目 ……………………………………………………… 66
　2.1　群 ……………………………………………………………… 66
　　2.1.1　紐　と　群 …………………………………………… 66
　　2.1.2　群　の　例 …………………………………………… 67
　　2.1.3　部　分　群 …………………………………………… 68
　　2.1.4　正規部分群と商群 …………………………………… 68
　　2.1.5　準同型写像 …………………………………………… 69
　2.2　対　称　群 …………………………………………………… 69
　　2.2.1　対称群の定義 ………………………………………… 69
　　2.2.2　符　　　号 …………………………………………… 70
　　2.2.3　生成元と関係式 ……………………………………… 72
　2.3　組　紐　群 …………………………………………………… 73
　　2.3.1　組紐の定義 …………………………………………… 73
　　2.3.2　群　構　造 …………………………………………… 74
　　2.3.3　生成元と関係式 ……………………………………… 76
　2.4　組紐からできる結び目 ……………………………………… 78
　　2.4.1　組紐の閉包 …………………………………………… 78
　　2.4.2　マルコフ変形 ………………………………………… 78
　2.5　マルコフトレース …………………………………………… 79
　　2.5.1　群　　環 ……………………………………………… 79
　　2.5.2　ト レ ー ス …………………………………………… 81

3. リー群とリー環 ……………………………………………… 83
3.1 リー群 …………………………………………………… 83
3.1.1 対称性 ……………………………………………… 83
3.1.2 直交群とユニタリ群の定義 …………………………… 84
3.1.3 1次元空間に作用する群 ……………………………… 86
3.1.4 2次元空間に作用する群 ……………………………… 87
3.1.5 半直積 ……………………………………………… 89
3.1.6 $O(2, \boldsymbol{R})$ の構造 …………………………………… 91
3.1.7 2面体群 …………………………………………… 92
3.1.8 $U(2, \boldsymbol{C})$, $SU(2, \boldsymbol{C})$ の構造 ……………………… 92
3.1.9 $SU(2, \boldsymbol{C})$ と $SO(3, \boldsymbol{R})$ との対応 ………………… 94
3.1.10 一般線形群 $GL(2, \boldsymbol{C})$ ………………………………… 95
3.1.11 合同変換群, アフィン変換群 …………………………… 95
3.2 群の線形表現 ……………………………………………… 96
3.2.1 線形変換と線形表現 …………………………………… 96
3.2.2 不変部分空間 ………………………………………… 97
3.2.3 既約表現 …………………………………………… 97
3.2.4 半単純な表現 ………………………………………… 98
3.3 群のさまざまな表現 ……………………………………… 100
3.3.1 置換表現 …………………………………………… 100
3.3.2 1次表現 …………………………………………… 100
3.3.3 双対表現 …………………………………………… 101
3.3.4 テンソル積表現 ……………………………………… 103
3.3.5 対称群のテンソル積への作用 ……………………… 106
3.4 $GL(2, \boldsymbol{C})$ のさまざまな線形表現 ………………………… 108
3.4.1 自然表現, 1次表現 ………………………………… 108
3.4.2 自然表現のテンソル積表現 ………………………… 108
3.4.3 自然表現の対称テンソル積表現 ……………………… 109
3.5 リー環 …………………………………………………… 110
3.5.1 リー群の等質性 ……………………………………… 110

- 3.5.2 曲　　率 ………………………………………… 111
- 3.5.3 接平面 ………………………………………… 112
- 3.5.4 リー群の接空間 ………………………………… 114
- 3.5.5 リー群とリー環の対応 ………………………… 116
- 3.5.6 リー環の定義 …………………………………… 117
- 3.5.7 リー環の線形表現 ……………………………… 118
- 3.5.8 対数写像 ………………………………………… 119
- 3.5.9 リー群の表現に対応するリー環の表現 ……… 119
- 3.5.10 双対表現，テンソル積表現 ………………… 120
- 3.5.11 $gl(2, C)$ の表現 …………………………… 122
- 3.6 もっとも基本的なリー環 $sl(2, C)$ ……………………… 122
  - 3.6.1 定　　義 ………………………………………… 122
  - 3.6.2 生成元と関係式 ………………………………… 123
  - 3.6.3 $sl(2, C)$ の表現 ……………………………… 124
- 3.7 リー環の展開環 …………………………………………… 129
  - 3.7.1 テンソル積代数 ………………………………… 129
  - 3.7.2 展開環の定義 …………………………………… 130
  - 3.7.3 リー環の表現の拡張 …………………………… 131
  - 3.7.4 $sl(2, C)$ の展開環 …………………………… 131
- 3.8 中心化環 …………………………………………………… 132
  - 3.8.1 作用と可換な自己準同型のなす線形環 $\mathrm{End}_g(V)$ ………… 132
  - 3.8.2 $\mathrm{End}_g(V)$ の構造 ……………………… 134
  - 3.8.3 テンソル積表現の中心化環 …………………… 135
  - 3.8.4 $sl(2, C)$ の場合 ……………………………… 138

4. 量子群（量子展開環） ……………………………………… 143
- 4.1 量子群の導入 ……………………………………………… 143
  - 4.1.1 量子化 …………………………………………… 143
  - 4.1.2 対称性の量子化 ………………………………… 143
  - 4.1.3 展開環の量子化 ………………………………… 144

- 4.2 量子群の表現 ································· 146
  - 4.2.1 線形表現 ································· 146
  - 4.2.2 自然表現 ································· 146
  - 4.2.3 テンソル積表現 ····························· 147
  - 4.2.4 テンソル積の結合律 ························· 148
  - 4.2.5 自然表現の対称テンソル積 ····················· 148
  - 4.2.6 テンソル積に関する結合律の証明 ··············· 150
  - 4.2.7 リー環の余可換性 ··························· 152
  - 4.2.8 量子展開環の非余可換性 ······················· 152
- 4.3 ホップ代数 ··································· 153
  - 4.3.1 積と余積 ·································· 153
  - 4.3.2 ホップ代数としての群環 ······················· 153
  - 4.3.3 ホップ代数としてのリー環の展開環 ·············· 154
  - 4.3.4 ホップ代数としての量子展開環 ················· 154
- 4.4 R-行列 ····································· 154
  - 4.4.1 置換の量子化 ······························· 154
  - 4.4.2 中心化環 ·································· 155
  - 4.4.3 $T^2(V)$ の中心化環 ························· 156
  - 4.4.4 $T^n(V)$ の中心化環 ························· 157
  - 4.4.5 ジョーンズ環 ······························· 158
  - 4.4.6 自然表現の場合の R-行列 ···················· 159
- 4.5 トレース ····································· 161
  - 4.5.1 組紐群の表現 ······························· 161
  - 4.5.2 マルコフトレース ··························· 161
  - 4.5.3 結び目不変量 ······························· 164
- 4.6 普遍 R-行列 ································· 167
  - 4.6.1 R-行列の一般化 ···························· 167
  - 4.6.2 三角関係式と組紐関係式 ······················ 173
  - 4.6.3 普遍 R-行列の自然表現 ····················· 177
  - 4.6.4 既約表現上の普遍 R-行列 ··················· 178

- 4.6.5 既約表現に対応する不変量 ………………………………… 179
- 4.6.6 ジョーンズ多項式の平行化との関係 …………………… 179
- 4.6.7 一般の量子群と結び目の不変量 ………………………… 180

参考図書 ……………………………………………………………… 181

索　引 ………………………………………………………………… 183

編集者との対話 ……………………………………………………… 187

0
序　　論

　結び目は，紐を使って物をつなぎとめるための基本的な手段として昔から使われてきた．また，結び目によってつくられる形は装飾としても広く使われており，さらに，結び目の形を文字として使っていた文化も世界各地にある．結び目を数学で扱うときは，ある結び目を連続的に変形して得られる結び目はもとの結び目と同じものと考え，結び目がどのようなときにほどけるか，あるいは2つの結び目がいつ同じになるかといった問題について考える．1本の紐を結んで得られる図0.1の結び目について考えてみよう．この結び目と結ばれていない紐とを比べると，一方は結ばれているが他方は結ばれておらず，明らかに違うものである．この違いを，一方の紐を連続的に変形して他方の紐にはできない，と考えて数学的に区別したいのであるが，このままでは紐の端を動かしてほどくことができるので，図0.2のように端をつないで閉じた紐にして比較する．このとき，図0.3のような紐を通り越す変形は許さないのである．こ

図 0.1　結ばれている紐と結ばれていない紐

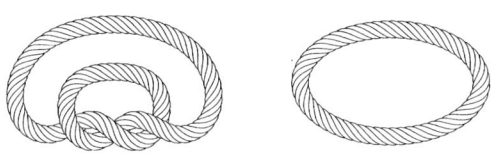

図 0.2　紐の両端をつないで閉じる

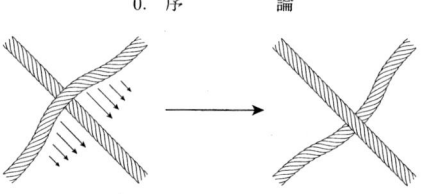

図 0.3　紐を通り越す変形（連続変形ではない）

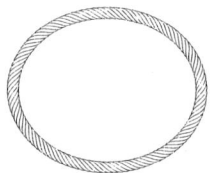

図 0.4　自明な結び目

図 0.5　すぐにほどける結び目と，複雑だがほどける結び目

のように考えたとき，左の結び目をどのように連続的に変形しても右の結ばれていない紐には変形できないことが数学的に証明される．また，数学で扱うときは図 0.4 のような紐も結び目の仲間と考え，とくに**自明な結び目**と呼ぶ．0 を数と呼ぶのと同じことである．

　2 つの結び目について，一方から他方に連続な変形で移せるかどうかを決定するのはそんなにやさしいことではない．図 0.5 の 2 つの結び目はどちらもほどくことができ，自明な結び目，つまりまったく絡まっていない紐に変形できる．左の結び目がほどけることは，図からもすぐにわかるであろう．蝶結びのようになっているところが紐を引っ張ることでほどけるのである．しかし，右

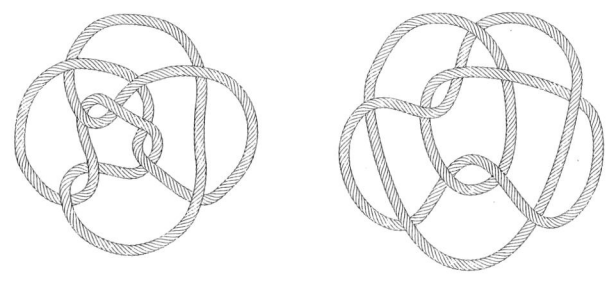

図 0.6 連続変形でうつり合う 2 つの結び目

の結び目（文献 [11]）で表される結び目は，実際に紐でつくってみて，振ったり引っ張ったりするとほどけるのであるが，図を見ているだけでは，どのようにほどいたらよいのかはすぐにはわからないことと思う．

また，次の図 0.6 の 2 つの結び目は，どちらもほどくことはできないが，同じ結び目，つまり連続的に一方から他方に変型できるものである．しかし，この 2 つの結び目は 1974 年にパーコ（K. A. Perko, 文献 [9]）が指摘するまで異なる結び目と考えられていた．この例は，実際に紐でつくってみても一方から他方に変形できることを示すのはそんなに簡単ではない．（具体的な変形法は文献 [7] に示されている．）

これらの例が示すように，2 つの結び目が同じ結び目であることを示すのは一般には容易なことではないが，2 つの結び目が異なることは**不変量**と呼ばれるものを用いてそんなに難しくなく示せることがある．不変量とは結び目の特徴を表すもので，空間中を自由に変形でき形の定まらない結び目に対し，ある決まった数や多項式などを対応させる写像である．血液型が異なれば別人であることが証明されるように，不変量が異なる 2 つの結び目は，連続変形では決してうつり合わないのである．

ジョーンズ（V. F. R. Jones）は作用素環の研究からジョーンズ**多項式**を発見し，これを契機として結び目の不変量の理論は新たな発展を遂げた．ジョーンズの発見以前にも，結び目の不変量は数多く構成されていたが，なかでも**アレキサンダー多項式**は中心的な役割を果たしていた．この不変量は，1920 年代にアレキサンダー（J. W. Alexander）により結び目の補空間の基本群の性

質を用いて定義されたものなのだが，1960年代にコンウェイ（J. H. Conway）により，基本群を経由せず結び目からスケイン（もつれ）関係式を用いて直接定義する方法が発見されていた．ジョーンズ多項式も，このコンウェイのスケイン関係式の係数を変化させたものから定義され，結び目から具体的に計算できる不変量である．しかも，同じ形の結び目の右手系と左手系を区別できるなどアレキサンダー多項式にはない優れた性質をもち，統計物理などとも関係しているということから，数学者ばかりでなく物理学者や化学者，あるいはまた遺伝子を研究する生物学者などの関心を呼び起こした．そして，多くの人がさまざまな立場からこの不変量の一般化を試み，次々と新しい不変量が構成された．さらに，これらの不変量が R-行列という概念で統一的に捉えられるということが明らかになった．R-行列とは，ヤン・バクスター（Yang-Baxter）方程式の解のことであり，数理物理学の可解モデルに現れる行列である．

　ジョーンズ多項式の発見と同じころ，R-行列の背後に潜む対称性を記述する**量子展開環**あるいは**量子群**と呼ばれる新しい数学的対象が神保（M. Jimbo）とドリンフェルト（V. G. Drinfeld）により独立に構成された．これはリー群やリー環の概念の拡張であり，統計物理の可解格子模型や量子逆散乱法などの可積分系と深く関係しているばかりでなく，表現論や特殊関数論，結び目理論などさまざまな数学との関連が明らかにされている．この量子展開環とは，リー環の普遍展開環（普遍包絡環とも呼ばれる）を，新たなパラメータ q を導入して一般化したものである．このような一般化は q-変形と呼ばれている．量子展開環には「群」の構造はないが，リー群やリー環においても内包されているホップ代数と呼ばれる構造をもつため，量子群とも呼ばれている．さらに，量子展開環の表現ごとに，R-行列を用いて結び目の不変量が構成できることが明らかにされ，こうしてできた無数の不変量を結び目の量子不変量と呼んでいる．

　量子展開環はリー環を一般化したものと考えられ，リー環の表現論との類似が成り立つ．さらに，パラメータ q が1のべき根，つまりある整数乗すると1になる複素数のときなど，特別の値のときにはリー環の表現論にはみられない性質をもつ．このように，パラメータが加わったために表現論は複雑になるのだが，逆にこの複雑さを利用して，これまでのリー環，あるいはその展開環の表現論に新しい見方を与えることにも成功している．結び目の不変量に対して

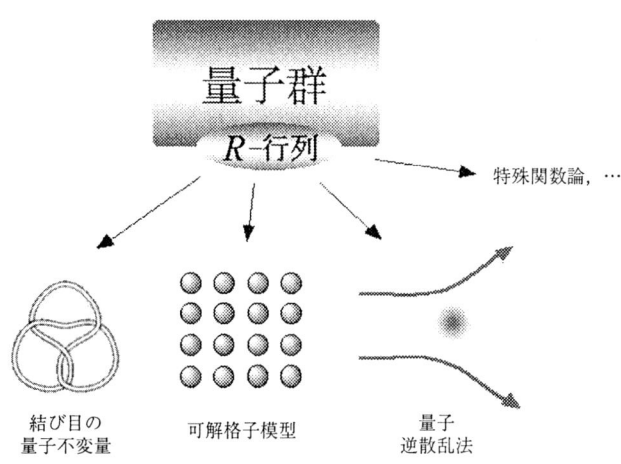

図 0.7 量子群のひろがり

もパラメータ q に関してさまざまな解釈が可能である．たとえば，$q = \exp(h)$ とおいて，h に関するべき級数展開を考えよう．結び目の量子不変量に対するこのべき級数展開の係数は，また結び目の不変量となるが，これらは，有限型不変量と呼ばれる種類の不変量となり，結び目に関するある種の微分，あるいは差分というべき操作を有限回施すと 0 になるという性質をもつ．この有限型不変量という概念は，バシリフ（V. A. Vassiliev）による結び目の多項式関数による近似を用いた分類の研究で使われて脚光を浴びたものである．そして，有限型不変量と量子不変量は，どちらもコンツェビッチ（M. Kontsevich）により構成された不変量から導かれることがわかった．一方，結び目の量子不変量や有限型不変量から 3 次元多様体の不変量が構成されている．このように，q というパラメータが存在することで，多様な解釈や一般化が可能となり，現在も活発に研究されている．

この本では，結び目の量子不変量とその背後にある量子群についての入門書となるよう，次の 2 つを目標とした．

1 つは，量子不変量がどのように結び目を分類するかということの説明である．無数の量子不変量が構成されており，これらの不変量の性質にはまだまだ不明なことも多いが，これらの量子不変量により，すべての結び目を分類でき

るのではないかと期待する人もいる．そこで，量子不変量がどれほど強力に結び目を分類しているかということを前半で解説する．

もう1つは，この豊かな量子不変量の背後にある，量子群という新しい数学的対象について，その片鱗を紹介する．量子群についてはさまざまな側面があるが，ここではもっとも基本的な $sl(2, \boldsymbol{C})$ に対応する場合について，その定義を述べ，表現論の基礎についてリー環の性質と比べながら解説する．そして，結び目不変量が R-行列により統一的に構成される様子を述べ，量子群のもつ豊かな構造の理解を助けたい．

量子群が，リー群やリー環をある意味で一般化したものだということを理解するには，リー群リー環についても知っておくことが必要なので，これらについても，とくに $sl(2, \boldsymbol{C})$ に対応する場合について，基本的な事柄を解説した．

量子群には，結び目不変量への応用以外にも，統計物理などの数理物理はもちろん，特殊関数論などにも多くの成果をあげている．この本により，古くから人間生活になじみのある，紐が結ばれたり絡まったりするという性質が，量子群という現代に生まれた数学の道具で解き明かされる様子が少しでも伝わり，さらに結び目や量子群への興味を深めてもらえれば幸いである．

1
結び目とその不変量

1.1 結び目

1.1.1 結び目の数学的取り扱い

　結び目とは，3次元空間中で紐を結んだもののことである．結び目理論では，紐を切らずに連続的に変形してできる結び目はたとえ見かけが違っていても同じ結び目とみなし，このように考えた上で結び目を分類したり1つ1つの結び目の性質を調べたりする．

　一番簡単な結び目として**三葉結び目**について考えてみよう．図 1.1 の左の三葉結び目はほどけない結び目であることが知られている．もちろん，紐の端を結び目のなかに通せばほどけてしまうが，紐の両端をもったまま，その結び目を振ったりゆすったりして緩めたり引っ張ったりしても，まっすぐな絡まっていない紐にはならないのである．一方，図 1.1 の右の結び目は，両端をもって引っ張ると，ほどけてまっすぐな紐になる．このように，この2つの結び目は，異なった性質をもっている．このような性質について考えるため，紐の両端をつないで考えることにする．それぞれの結び目は図 1.2 のようになる．このよ

図 1.1　三葉結び目とほどける結び目

図 1.2 結び目の両端をつなぐ

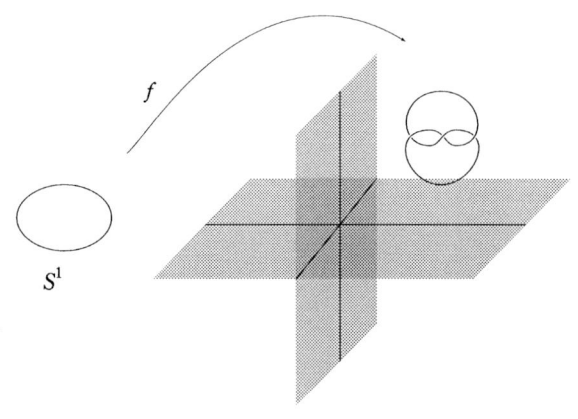

図 1.3 S^1 からの写像 f

うにすると，結び目は，輪ゴムのような，閉じた紐が何本か絡まっているものと考えることができる．

以上のことから，結び目理論では，結び目を次のように定義する．われわれのいるこの3次元空間を $\mathbf{R}^3$ で表し，そのなかに埋め込まれた端点のない紐は，その紐の芯が，S^1（円周）からのある1対1写像 f による像とみる（図 1.3）．さらに，f は，S^1 から f の像 $f(S^1)$ への同相写像とする．

また，いくつかの紐からなる結び目も，S^1 のいくつかの直和から $\mathbf{R}^3$ への写像の像とみなす．この場合，1本の紐からなる結び目と区別するため，リンクと呼ぶことも多いが，この本では，2本以上の紐からなる場合も結び目と呼ぶ．

ここで，紐が紐らしく空間に入っているためには，f に条件がつくことに注意しよう．長さが有限で，本当に太さのある紐でできる結び目を考えているので

1.1 結 び 目

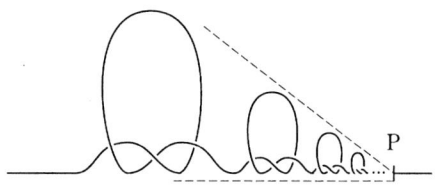

図 1.4 ワイルドな結び目の例：点 P の左に無限個の三葉結び目がある

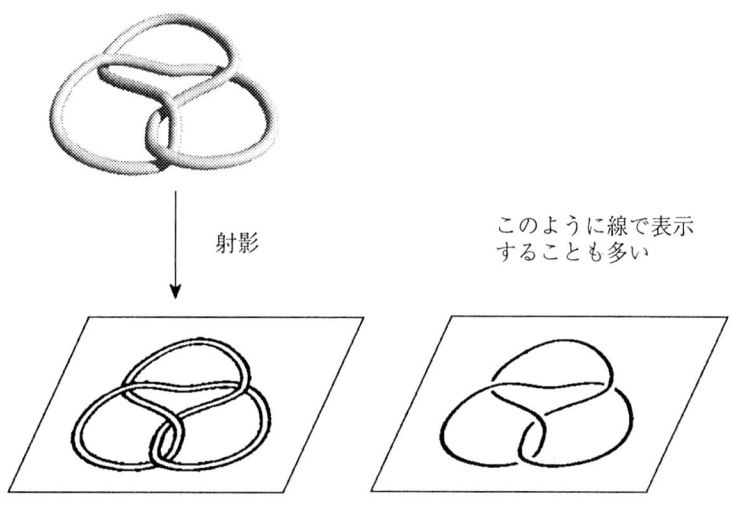

図 1.5 結び目の射影図

ある．紐の太さが 0 とすると，変わった性質をもつ結び目，たとえば図 1.4 で表される結び目を考えることもできるが，この本ではこのようなワイルドな結び目と呼ばれているものについては考えない．なお，この本で扱っているようなワイルドでない結び目のことを，テーム (tame) な結び目と呼ぶこともある．

1.1.2 結 び 目 の 図

さて，結び目を数学的に扱う方法については，上で述べたとおりなのだが，3 次元空間は，そのまま紙に書いて表すことができないので，実際には，2 次元平面に射影した図で考えることが多い．K を，写像 f により表現された $\boldsymbol{R}^3$

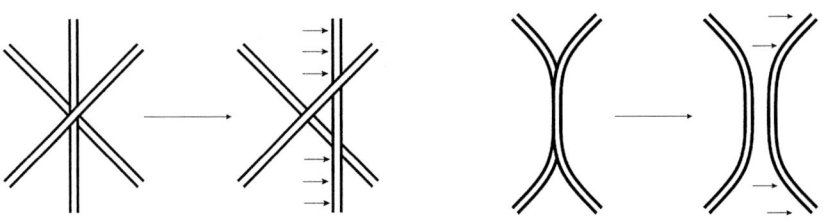

図 1.6　3 重点や紐の重なりの除去

中の結び目とし，x, y, z を $\boldsymbol{R}^3$ の座標とする．p を $\boldsymbol{R}^3$ から xy-平面への射影とし，p による像 $p(K)$ で結び目を表す（図 1.5）．ただ，$p(K)$ だけではもとの結び目が再現できないので，紐の交点に対して，どちらの紐が上にあったかをわかるようにしておく．このようにしても，もとの結び目 K そのものが図から完全に再現できるわけではない．紐がもともと平面に対してどのくらいの高さのところにあったかは正確にはわからないのである．しかし，K を連続的に紐を切らずに変形してできる結び目がどんなものかはわかる．

　結び目 K を射影した図 $p(K)$ で 3 つ以上の K の点が $p(K)$ で 1 点に重なっているときは，K を少し動かすことにより K のたかだか 2 点だけが $p(K)$ で同じ点になるようにできる（図 1.6）．また，紐が重なっているようなときも，K を少し動かすことにより，$p(K)$ には，横断的に交わっている交点（2 重点）しか現れないようにできる．このようにしてできた結び目の図のことを正則射影図と呼び，以後，結び目を考えるときは，この正則射影図で考えることとする．

1.1.3　ライデマイスター変形

　結び目を連続変形していくと，その射影図も連続的に変化する．そこで，この結び目の図の変化の様子を考えてみる．空間内で結び目を少し動かすと，射影図も少し変化する．2 次元平面がゴム膜だと思って結び目の図がこの上に書かれていると考えると，結び目を少し動かしたときの射影図の変化は，結び目の描かれているゴム膜を少し引っ張るか縮めるかといった変型で表される（図 1.7）．しかし，ゴム膜の変形では表すことのできない変化が起こることもある．図の様子が大きく変わるのである．このような変形については，図 1.8 で表されて

1.1 結　び　目

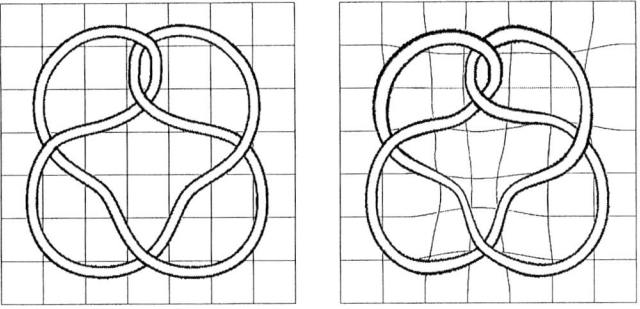

図 1.7　ゴム膜の伸び縮み

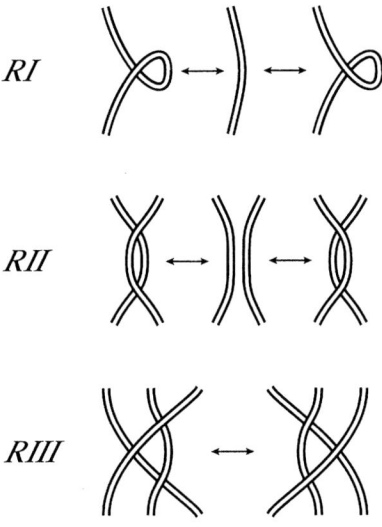

図 1.8　ライデマイスター変形

いる3種類の変形の組み合わせになっていることが知られている．この3種の変形はライデマイスター変形と呼ばれている．最初の変形 (RI) は，紐にねじりを加えることに対応している．また，RII は紐を重ねることに対応しており，RIII は紐の交点の上，下，あるいは交点をなす2つの紐の間を別の紐がスライドする変形に対応している．

　ライデマイスター変形以外にも，たとえば，途中で4重点ができたりする変

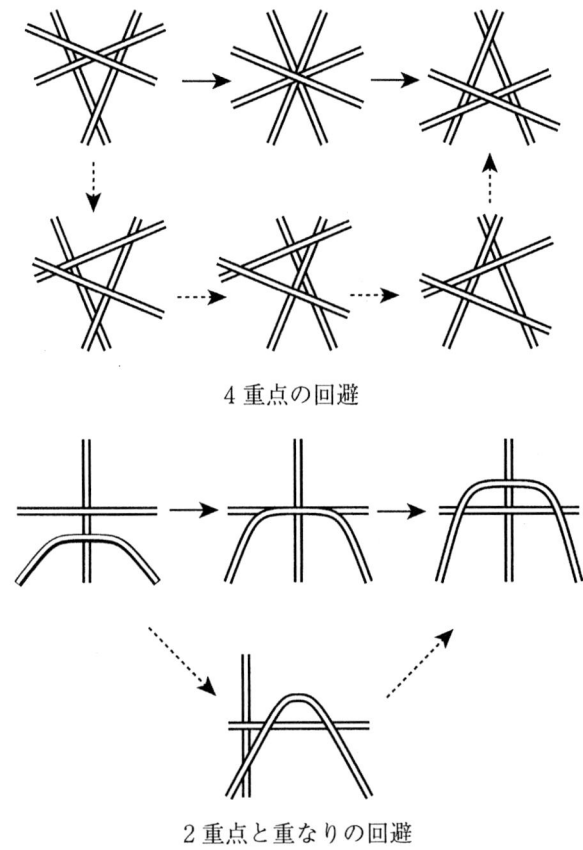

図 1.9 ライデマイスター変形の組み合わせへの置き換え

化もあるが，上で述べた3種類の変形以外の変化は，空間中での結び目の動かし方を少し変えることにより，すべてこの3種類の変形，あるいはこれらのいくつかの組み合わせとなることが知られている．図 1.9 のように，4重点が途中で出てくる変形は，ライデマイスター変形の RIII を何回か繰り返すことで表すことができるし，また，接点と2重点とが重なるような変化も，ライデマイスター変形の RII と RIII の組み合わせに置き換えることができる．そこで，この本では，結び目を，その正則射影図で表し，さらに，ある結び目 K に3種類のライデマイスター変形を何回か行って得られる結び目を K と同じ型の結

び目と呼ぶことにする．結び目は，柔らかい紐でできていて，普通の図形とは違って，きっちりとした形をしているわけではないが，このように考えて，結び目の型というものを定義するのである．結び目理論では，結び目の型を分類したり，それぞれの結び目型の性質を研究するのであるが，ライデマイスター変形を使うことにより，結び目を紙の上で書き表して考えることができる．

1.1.4 結び目の例
a. 自明な結び目

結び目として，2本以上の紐からなる結び目もあるが，まず，1本の紐からなる結び目について考える．最初の例は，絡まっていない紐である．結ばれていないので，普通は結び目とはいわないが，結び目理論ではこれも結び目と考え，自明な結び目と呼ぶ．自明な結び目を，この本では ◯ で表す（図 1.10）．

b. 三葉結び目

次の例は，自明でないもっとも単純な結び目である三葉結び目である．三葉結び目は，紐を折り返して輪をつくり，そのなかを紐を通すことによってできる図 1.11 の結び目のことである．中心のまわりを紐が2重に回っているようになっており，1つの紐がもう1つの紐を右回りに回っているか左回りに回っ

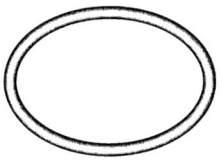

図 1.10　自明な結び目 ◯

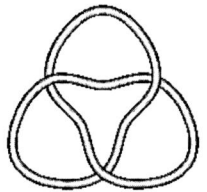 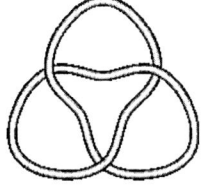

図 1.11　右三葉結び目 K_{3r}（左図）と左三葉結び目 K_{3l}

ているかの 2 通りの結び方が考えられる．後で示すように，この 2 つの結び目は本当に異なる結び方であり，右にねじったものを **右三葉結び目**，左にねじったものを **左三葉結び目** と呼び，それぞれを K_{3r}, K_{3l} と書く．三葉結び目はほどけない，つまり自明な結び目とは異なることが知られているが，このことは，後で結び目の不変量を用いて証明する．

c. 8 の字結び目

三葉結び目の次に単純な結び目は 8 の字結び目と呼ばれている結び目である．ここでは，交点の数のより少ない図で表される結び目を，より単純な結び目ということにする．1 本の紐からなる結び目の図で交点が 2 個以下のものはすべて自明な結び目となる．交点が 3 個の結び目の図で，自明でないものは三葉結び目しかない．そこで，次に簡単な結び目は，交点が 4 つのものである．交点が 4 つの，1 本の紐からなる結び目の図で，自明な結び目でも三葉結び目でもないものはどれだけあるだろうか．

まず，結び目の図で交点での上下を考えず，S^1 から平面への，交差をも許す埋め込み（はめ込みということもある）で，4 個の交点をもつものを考えてみよう．ただし，図 1.12 で表されるような部分をもてば，この部分の交点を，どちらの紐が上にあると考えても，ライデマイスター変形の RI で交点の数を減らせるので，このような部分はないものだけを考えることにしよう．このような埋め込みは，図 1.13 に示される 2 通りしかないことがわかる．図 1.14 のように 4 つの交差を配置すると，これらの端点を 8 本の線で新たな交差ができないようにつなぐつなぎ方は有限個しかなく，このうち，S^1 のはめ込みになっていて，図 1.12 を含まないものは，図 1.13 に示される 2 つのどちらかと同じ形になるのである．

図 1.13 のそれぞれの図に対し，交差をなす 2 つの線のうちどちらが上かを定める方法は $2^4 = 16$ 通りあるが，これらのうち自明な結び目にならないも

図 1.12 とり除ける交差

図 1.13　4 つの交差をもつ射影図

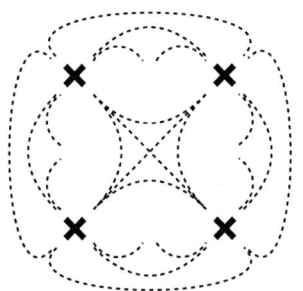

図 1.14　4 交点の配置

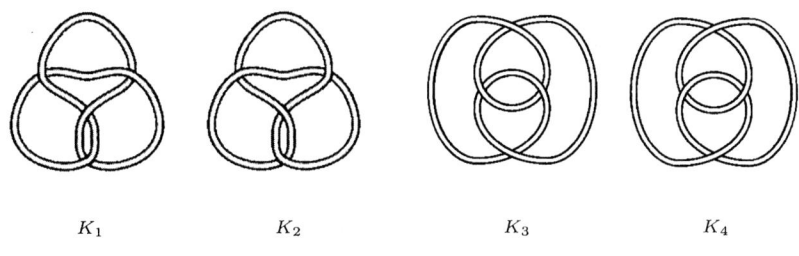

K_1　　　　　K_2　　　　　K_3　　　　　K_4

図 1.15　4 つの交点をもつ結び目

のは，どちらの図に対しても 2 通りしかなく，図 1.15 で表される 4 種類 K_1, K_2, K_3, K_4 が 4 つの交点をもつ自明でも三葉結び目でもない結び目の図となる．実際には，この 4 つは同じ結び目である．たとえば，K_1 と K_2 が同じ結び目であることは図 1.16 の変形からわかる．この結び目を **8 の字結び目**と呼び，K_8 と書くことにする．

　上の考察のように，2 つの結び目が同じ型の結び目であることは，図の変形

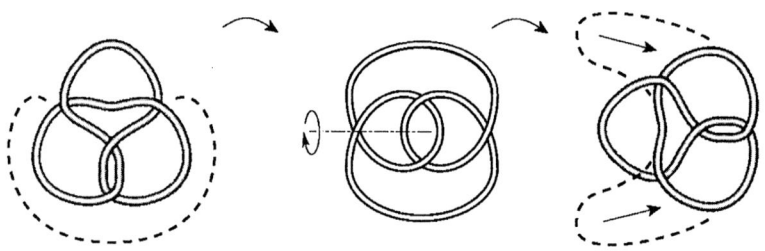

図 1.16　K_1 と K_2 が同じ型となること

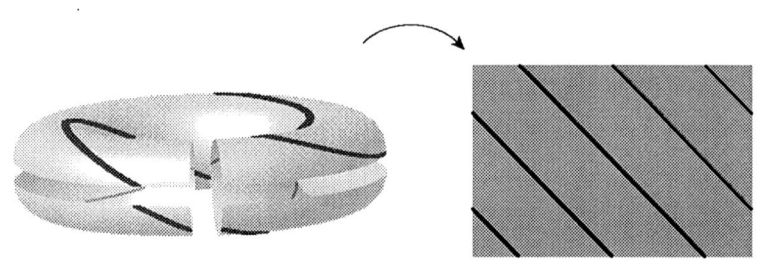

図 1.17　トーラス結び目を切り開く

が与えられればわかるのであるが，自明な結び目，右三葉結び目，左三葉結び目，8の字結び目が異なる結び目であることは，このような操作だけでは証明できない．そこで，後で述べる結び目の不変量を使うのである．

d. トーラス結び目

空間中のトーラス面（穴のあるドーナツ，あるいは浮き袋の表面）を考え，この上に交差ができないように紐を巻いてできる結び目を**トーラス結び目**と呼ぶ．トーラスを図 1.17 のように切り開いたとき，p と q とをそれぞれ，結び目の紐を表す線と長方形の横の辺と縦の辺との交点の数とする．そして，紐がトーラスの芯に対し，右回りに回っているときは，この結び目を $T_{(p,q)}$ と書き，左回りに回っているときは $T_{(p,-q)}$ と書き表す．このとき，p と q の最大公約数がこの結び目をなす紐の本数となる．図 1.17 の例は $T_{(3,2)}$ であり，$T_{(5,3)}$ や $T_{(4,-2)}$ は図 1.18 のようになる．

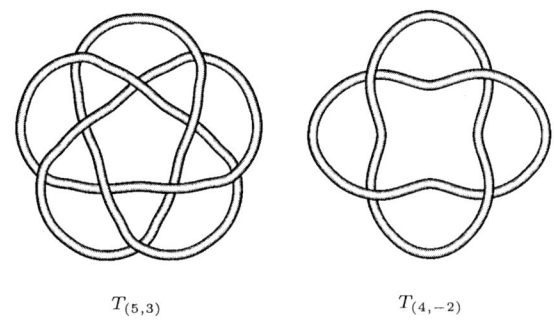

図 1.18　トーラス結び目 $T_{(5,3)}$ と $T_{(4,-2)}$

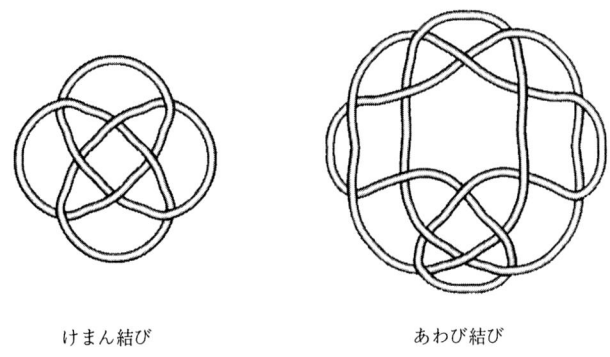

図 1.19　複雑な結び目の例

e. 複雑な結び目

さらに，2つほど，装飾にもよく使われている結び目の例を図 1.19 にあげておく．1つは**けまん結び**と呼ばれる綺麗な対称性をもった結び目である．もう1つは，**あわび結び**と呼ばれるもので，対称的で，なおかつほどきやすいという特徴をもった結び目である．上下左右の部分を引き出して形を整えたものが装飾に用いられている．

f. 複数の紐からなる自明な結び目

今度は，複数の紐からなる結び目の例をみてみよう．それぞれが自明な結び目となっているいくつかの紐が，お互いにまったく絡まっていないとき，これも**自明な結び目**と呼ぶ．

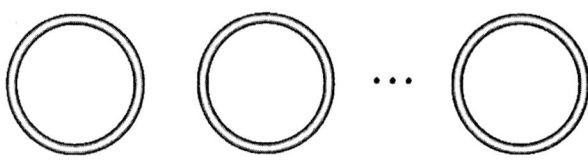

図 1.20　複数の紐からなる自明な結び目

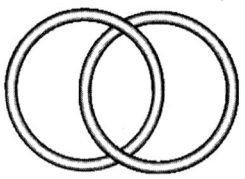

図 1.21　ホップリンク

図 1.22　ホワイトヘッドリンク

g. ホップリンク

2本の紐が単純に絡まっている図 1.21 の結び目を**ホップリンク**と呼ぶ．これは，トーラス結び目 $T_{(2,2)}$ と同じものである．

h. ホワイトヘッドリンク

図 1.22 で表される結び目を**ホワイトヘッドリンク**と呼ぶ．この結び目から一方の紐を取り除くと，残りの紐は自明な結び目となる．

i. ボロミアン環

さらに，図 1.23 のような結び目もある．この結び目は**ボロミアン環**と呼ばれるもので，3本の紐が互いに絡まりあっているようだが，1本の紐を取り除くと残りの2本の紐が外れるという性質がある．

1.1 結 び 目

図 1.23 ボロミアン環

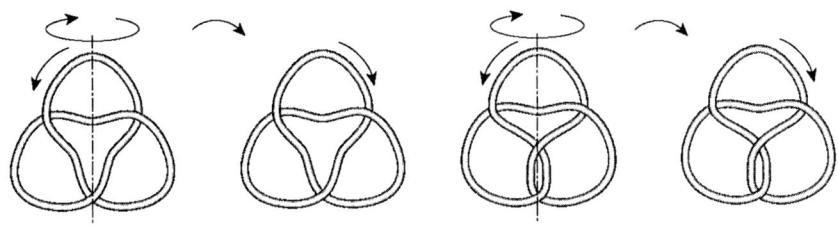

図 1.24 向きを変えてももとの結び目と同じ型になる

1.1.5 向きのついた結び目

　結び目の紐に対して，向きを付けたものを考えることもできる．紐上を進む 2 種の方向に対し，一方を正の方向とし逆の向きを負の方向と決めるのである．そして，向きを図示するときは正の方向に向けて矢印を付けることとする．また，向きの付いた結び目に対し，向きの付け方を反対にした結び目を考えることができるが，三葉結び目や 8 の字結び目については，図 1.24 のように，縦の軸を中心として結び目を半回転すると，向きを逆にしたものがもとの結び目と同じ射影図となるので，向きの付け方にはよらない結び目であることがわかる．

　向きの付け方を変えると違う結び目となるものもある．たとえば図 1.25 の結び目がそうである．この図の一方の結び目から向きを保ったままもう 1 つの結び目に連続的に変型することはできないことが知られている．

　また，ホップリンクでは，2 つの紐の向きを両方とも反対にするともとのホップリンクと同じ型になるが，一方の紐の向きだけ変えたものはもとのホップリンクとは異なる型となる．この 2 種類のホップリンクは，一方の紐に対して他方の紐が右回りに回るか，あるいは左回りに回るかということにより区別される．

図 1.25　向きの付け方により異なる結び目となる例

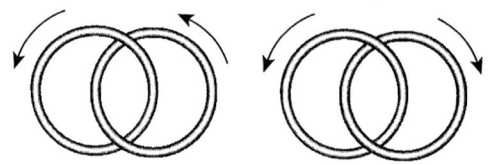

図 1.26　2 種類のホップリンク

1.2　不　変　量

1.2.1　結び目の見分け方

2 つの結び目が同じ型の結び目かどうか，つまり紐を切らない連続変形で一方から他方へ変形できるかどうか調べるにはどうしたらよいだろうか．1 つの方法は，実際に一方の結び目を紐を使ってつくってみて，いろいろと振ったり引っ張ったりと変形してみて，他方の結び目ができるかどうか試すことであろう．しかし，この方法では，どれだけ変形したらよいのか皆目見当が付かない．すぐに他方の結び目になってしまうかもしれないし，どうやっても他方の結び目にはならないかもしれない．しかも，この方法では，一方の結び目から他方の結び目に変形できないということを証明することはできない．いくらがんばって変形できなかったからといっても，別の方法で変形できるかもしれないのである．

空間中の紐で考えるかわりに，平面上の射影図で考えても同じことである．2

つの結び目の正則射影図が同じものかどうかは，一方の図にライデマイスター変形を繰り返し適用していって他方の結び目が得られるかどうかで決まるが，実際にはどれだけ試してみればよいのかわからないのである．このことが 2 つの結び目を見分けることを難しくしているが，結び目理論を豊かにしているともいえるのである．

1.2.2　結び目の不変量

ライデマイスター変形だけから結び目が異なることを示すことは難しい．そこで，不変量というものを考える．結び目の不変量とは，ライデマイスター変形で不変な，結び目の図に対して定義された量のことである．すべての結び目に対し，ライデマイスター変形で変わらない量が定義されていると，この量が異なる結び目はライデマイスター変形では決してうつり合わず，異なる型の結び目であることがわかる．不変量とは，人間でたとえると血液型や目の色，指紋のように，年をとっても変わらないその人の特徴を表す指標のことである．血液型の異なる人は，違う人であるが，他人で血液型が一致する人は大勢いる．一方，指紋が一致する人は本人しかいないと考えられている．結び目は，空間中で変形することによりさまざまな形になるが，この表現された形によらない，結び目の型だけによる量を，不変量と呼ぶのである．人間の場合は，指紋により，ある人を特定することができる．結び目の場合も，指紋のようにその結び目の型を特定できるような不変量があれば，すべての結び目を分類することができる．これから説明するように，量子群と関係する結び目の不変量が数多くある．これらすべてを用いると，すべての結び目をほぼ特徴付けることができると予想する専門家もいるが，まだよくわかっていない．

1.2.3　不変量の例

結び目の不変量の例として，まず，結び目をなす紐の本数があげられる．これは結び目の**成分数**と呼ばれている．三葉結び目や 8 の字結び目の成分数は 1 であるし，ホップリンクの成分数は 2 である．また，ボロミアン環の成分数は 3 である．

また，結び目の図ごとに定義される量を考え，ある結び目を表す図すべてに

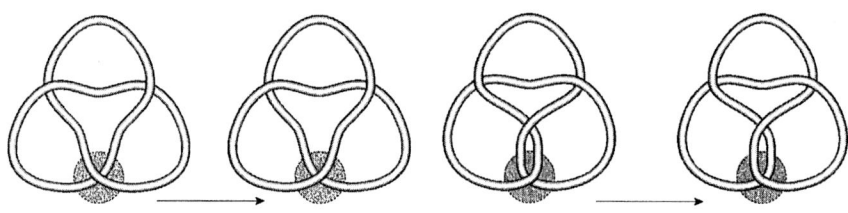

図 1.27 三葉結び目や 8 の字結び目の結び目解消数は 1 である

ついてのこの量の最小値,あるいは最大値をとると,これはやはり結び目の不変量となる.たとえば,ある結び目 K を表す図の交点の数を考えると,これは 0 以上の整数であるので,K を表す図のなかで交点数がもっとも少なくなるものが存在し,このときの交点の数は結び目の不変量である.これを K の**最小交点数**と呼ぶ.

このような不変量には,結び目解消数と呼ばれるものもある.結び目の図に対し,その交点の紐の上下を入れ替える操作を考えよう.たとえば,図 1.27 のように三葉結び目を表す図の交点でこの操作をすると,自明な結び目になる.どんな結び目の図も,適当にこの操作を何回かすると絡み目のない自明な結び目になるので,この操作は,結び目解消操作と呼ばれている.さて,ある結び目 K に対して,結び目解消操作を何回することにより自明な結び目になるか,という数の最少数を,K の**結び目解消数**(unknotting number)と呼ぶ.このとき,結び目解消操作をする過程で,ライデマイスター変形も行って図を変形していってよいものとする.この結び目解消数も,最小交点数と並んで,結び目の複雑さを示す指標となっている.三葉結び目や 8 の字結び目の結び目解消数は,図 1.27 からわかるように 1 である.一方,トーラス結び目 $T_{(5,2)}$ に図 1.28 のように結び目解消操作を 1 回行っても自明な結び目にはならず三葉結び目,すなわちトーラス結び目 $T_{(3,2)}$ になる.このことから,$T_{(5,2)}$ の結び目解消数は 2 以下であることがわかるが,実際 2 であることが知られている.2 であることを示すためには,$T_{(5,2)}$ をどのような図で表して結び目解消操作を 1 回行っても自明な結び目にはならないことを示さないといけないので,そんなに簡単ではない.

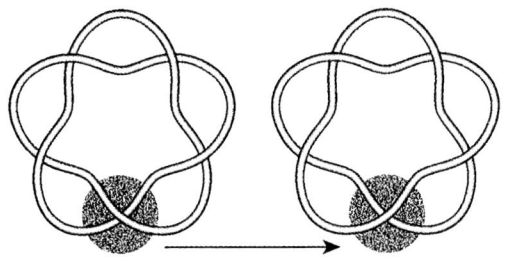

図 1.28 トーラス結び目 $T_{(5,2)}$ に 1 回結び目解消操作を施す

これらの,最小交点数や,結び目解消数は,結び目の図から直ちに計算できるものではなく,これらの決定自体が難しい問題となる.実際の結び目の分類のためには,成分数のように,結び目の図から直ちに計算できるような不変量が有用である.以下,このような不変量のうち量子群と関連するものについて解説していく.

1.3 ジョーンズ多項式

1.3.1 ジョーンズ多項式の定義

歴史的には,ジョーンズ多項式より,後で紹介するアレキサンダー多項式のほうがずっと以前から知られていたが,ジョーンズ多項式は,$sl_2(\boldsymbol{C})$ というもっとも基本的な単純リー環と対応する量子不変量なので,こちらを先に紹介したい.これは向きのついた結び目の不変量で最初にジョーンズ (V. F. R. Jones) が発見したときは,作用素環論の応用として構成されたが,実際には,次に述べる関係式だけから定義できるものである.この関係式はスケイン関係式と呼ばれているが,スケインとはもつれという意味である.

スケイン関係式

$$t V_{K_+}(t) - t^{-1} V_{K_-}(t) = -(t^{1/2} - t^{-1/2}) V_{K_0}(t)$$

この式で,t は,0 でない複素数とし,K_+, K_-, K_0 はある場所だけがそれぞれ図 1.29 のようになっていてそれ以外のところはまったく同じになっている 3

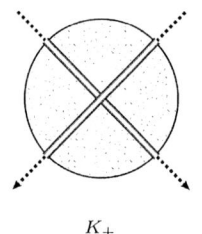 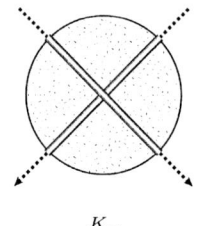 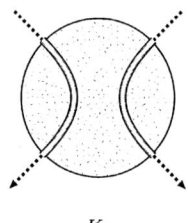

K_+　　　　　　　K_-　　　　　　　K_0

図 **1.29** 3 つの結び目 K_+, K_-, K_0

つの結び目の図を表している．このような関係にある 3 つの結び目のジョーンズ多項式の間には，いつもこのスケイン関係式が成り立つとするのである．さらに，1 成分の自明な結び目 ◯ については 1 になると仮定することにより，どのような結び目 K に対しても $V_K(t)$ が計算でき，しかも，その値は一意的に決まるのである．任意の結び目 K に対し，$V_K(t)$ は $t^{1/2}$ のローラン多項式，つまり $t^{1/2}$ と $t^{-1/2}$ についての多項式となり，とくに成分数が 1 などの奇数のときには t についてのローラン多項式となるため，多項式と呼ばれている．

1.3.2　ジョーンズ多項式の計算法

それでは，実際にジョーンズ多項式を計算してみよう．まず，K_+, K_-, K_0 が図 1.30 のような場合を考えてみよう．このとき，仮定より，

$$V_{K_+}(t) = V_{K_-}(t) = 1$$

なので，

$$t - t^{-1} = -(t^{1/2} - t^{-1/2})V_{K_0}(t)$$

となり，

$$V_{K_0}(t) = -\frac{t - t^{-1}}{t^{1/2} - t^{-1/2}}$$

となるのであるが，$t = \left(t^{1/2}\right)^2$ より，

$$t - t^{-1} = (t^{1/2})^2 - (t^{-1/2})^2 = (t^{1/2} + t^{-1/2})(t^{1/2} - t^{-1/2})$$

であるので，

1.3 ジョーンズ多項式

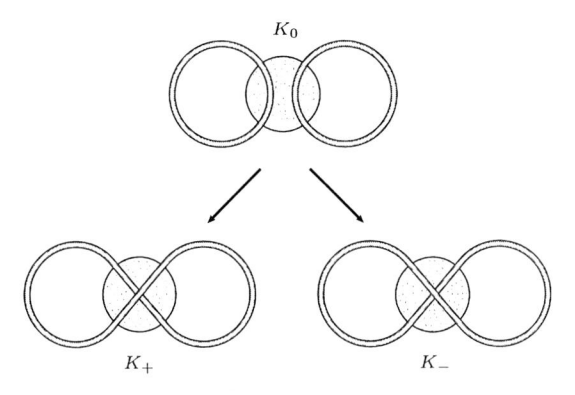

図 1.30 K_+, K_-, K_0 に対応させる結び目 (1)

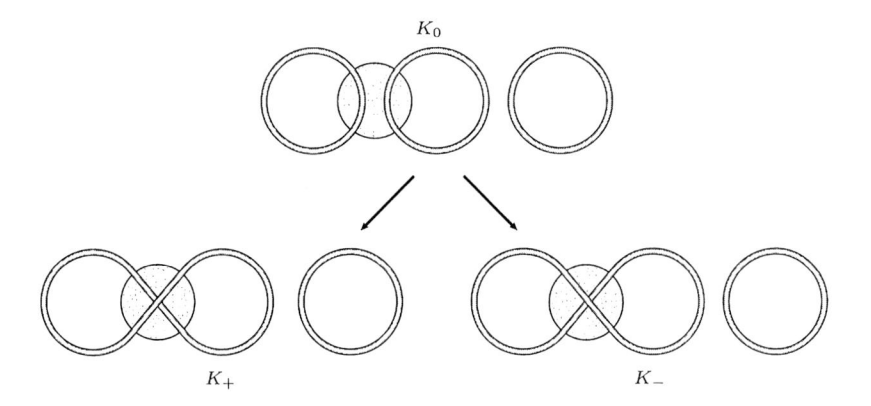

図 1.31 K_+, K_-, K_0 に対応させる結び目 (2)

$$V_{\bigcirc\bigcirc}(t) = -\left(t^{1/2} + t^{-1/2}\right)$$

となる．ここで ○○ は 2 成分の自明な結び目を表し，ここでの K_0 のことである．

さて，この計算を，K_+, K_-, K_0 を図 1.31 のように置き換え，今の計算結果を用いて，同様にして $V_{K_0}(t)$ を求めると，

$$V_{\bigcirc\bigcirc\bigcirc}(t) = (t^{1/2} + t^{-1/2})^2$$

となる．○○○ は，ここでの計算における K_0 のことである．このような計

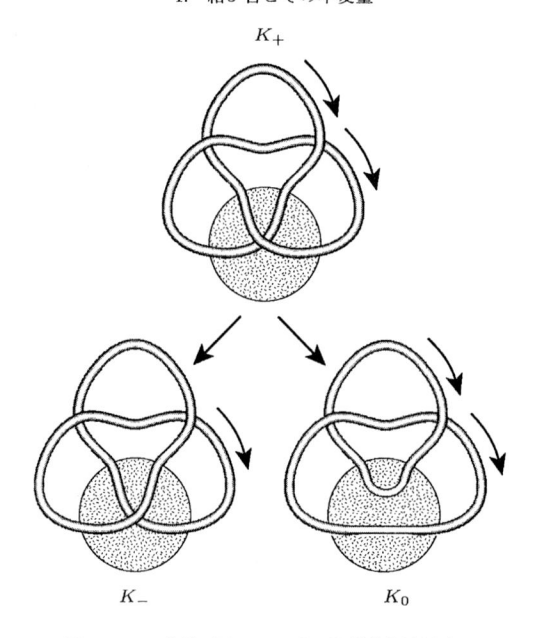

図 1.32 三葉結び目にスケイン関係式を適用する

算から,帰納的に l 成分の自明な結び目のジョーンズ多項式の値は,

$$V_{\bigcirc \cdots \bigcirc}(t) = (-t^{1/2} - t^{-1/2})^{l-1}$$

であることがわかる.

次に,右三葉結び目について計算しよう.三葉結び目の1つの交点にスケイン関係式を使うことにすると,三葉結び目が K_+ となり,K_- はほどける結び目となる.また,K_0 は図 1.32 のような2成分の結び目とるが,これは前に例にあげたホップリンクである.スケイン関係式から,ホップリンクのジョーンズ多項式の値がわかれば,三葉結び目のジョーンズ多項式がわかる.

そこで,今度は,図 1.33 のようにホップリンクの1つの交点にスケイン関係式を適用し,ホップリンクのジョーンズ多項式を求める.ホップリンクを K_+' とすると,K_0' はほどける結び目であり,K_-' は自明な2成分の結び目となり,どちらのジョーンズ多項式もすでに計算したものである.よって,ホップリンクのジョーンズ多項式は,

1.3 ジョーンズ多項式

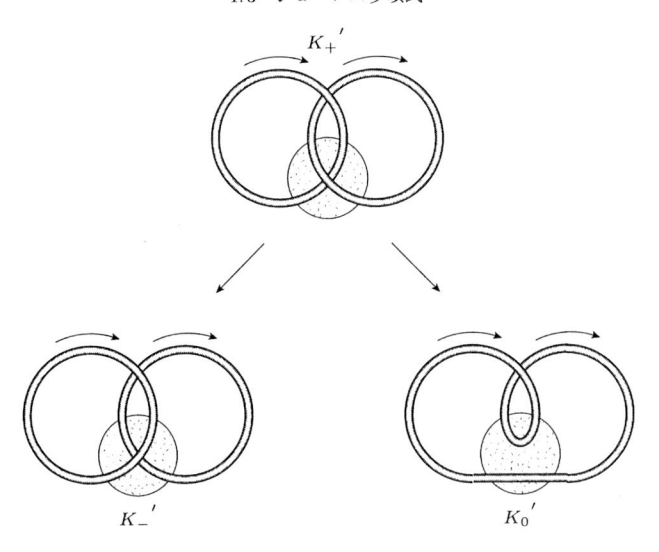

図 1.33 ホップリンクにスケイン関係式を適用する

$$V_{K_+'}(t) = t^{-2} V_{K_-'}(t) - t^{-1} (t^{1/2} - t^{-1/2}) V_{K_0'}(t)$$
$$= -t^{-2} (t^{1/2} + t^{-1/2}) - t^{-1} (t^{1/2} - t^{-1/2})$$
$$= -t^{-5/2} - t^{-1/2}$$

となる．これを用いて右三葉結び目の計算を続けると

$$V_{K_+}(t) = t^{-2} V_{K_-}(t) - t^{-1} (t^{1/2} - t^{-1/2}) V_{K_0}(t)$$
$$= t^{-2} - t^{-1} (t^{1/2} - t^{-1/2}) (-t^{-5/2} - t^{-1/2})$$
$$= -t^{-4} + t^{-3} + t^{-1}$$

となる．

さて，このようにして求めたジョーンズ多項式から何がわかるだろうか．ジョーンズ多項式は後で示すように結び目の不変量である．つまり，ジョーンズ多項式が異なる結び目は本当に異なる結び目なのである．上の計算で，右三葉結び目のジョーンズ多項式は

$$-t^{-4} + t^{-3} + t^{-1}$$

であり，ほとんどの複素数 t に対して 1 とは異なる値となる．このことは三

葉結び目が自明な結び目とは異なり，ほどけない，ということを表しているのである．ホップリンクについても同様である．ホップリンクのジョーンズ多項式と，自明な2成分結び目のジョーンズ多項式は，式として異なっているので，ホップリンクはどうやってもほどけないのである．ホップリンクが外れないことは，ジョーンズ多項式を計算しなくても調べる方法がある．たとえば，一方の紐が他方の紐のまわりを何回回るかをみれば，自明な2成分の結び目では0回なのに，ホップリンクでは右回りに1回回っているので，違うことがわかる．しかし，三葉結び目の場合には，このような簡単な判定法はなく，ジョーンズ多項式（あるいは後で述べるアレキサンダー多項式）を調べるのが，もっとも簡単な判定法である．

1.3.3 鏡像のジョーンズ多項式

ジョーンズ多項式は，さらに次のような性質がある．ある結び目 K に対し，それを鏡に移した像で表される結び目を K^* とする．このような結び目をもとの結び目の**鏡像**と呼ぶ．K を結び目の図で表したとき，その図から本当の結び目を考えて，結び目の図のある平面の向こう側に置いた鏡に写してみると，K^* は K で各交点の上下を逆にしたものであることがわかる（図 1.34）．このことから，K^* のジョーンズ多項式について次が成り立つ．

定理（鏡像のジョーンズ多項式） 結び目 K の鏡像 K^* に対し，

$$V_{K^*}(t) = V_K(t^{-1})$$

となる．

証明 スケイン関係式に出てくる3つの結び目 K_+, K_-, K_0 の鏡像をそれぞれ $(K_+)^*$, $(K_-)^*$, $(K_0)^*$ とすると，鏡像の図は交点の紐の上下が逆になったものになるので，スケイン関係式より，

$$t\, V_{(K_-)^*}(t) - t^{-1}\, V_{(K_+)^*} = -(t^{1/2} - t^{-1/2})\, V_{(K_0)^*}(t)$$

が成り立つ．この等式を書き直すと，

$$(t^{-1})\, V_{(K_+)^*} - (t)\, V_{(K_-)^*} = -((t^{-1})^{1/2} - (t^{-1})^{-1/2})\, V_{(K_0)^*}$$

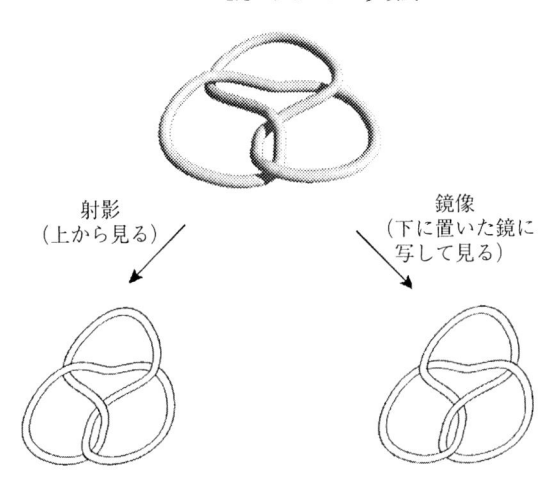

図 1.34 結び目を鏡に写してみる

となる．この式は，K_+, K_-, K_0 の鏡像について，スケイン関係式で t を t^{-1} に置き換えた関係式が成り立つことを示している．したがって，K のジョーンズ多項式を計算する過程を，すべて鏡像に置き換えて，t を t^{-1} に置き換えると，K^* のジョーンズ多項式が求まるのであるが，途中の t がすべて t^{-1} に置き換わるので，K^* のジョーンズ多項式は K のジョーンズ多項式で t を t^{-1} に置き換えたものとなる． 証明終

たとえば，左三葉結び目は右三葉結び目の鏡像なので，左三葉結び目のジョーンズ多項式は右三葉結び目のジョーンズ多項式から，

$$-t^4 + t^3 + t$$

となる．これは，前項で求めた右三葉結び目のジョーンズ多項式とは異なっているので，左三葉結び目と右三葉結び目が本当に違う結び目であることがわかる．ジョーンズ多項式が発見される前から知られていたアレキサンダー多項式では，この2つの結び目に対して同じ式となってしまうのだが，ジョーンズ多項式を用いると違うことがわかる．(もっとも，この2つの結び目の型が異なることは，結び目の補空間の基本群についての考察などにより，ジョーンズ多項式の発見以前から知られていた．)

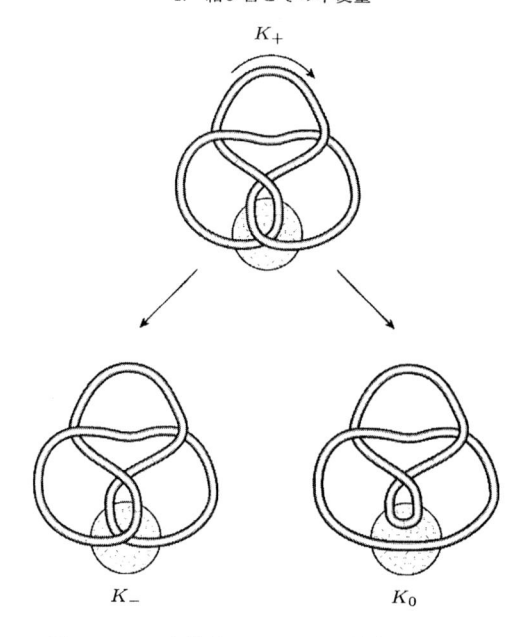

図 1.35 8の字結び目にスケイン関係式を適用する

もう1つ，8の字結び目のジョーンズ多項式を計算してみよう．図 1.35 のようにスケイン関係式を使うことにすると，K_+ が8の字結び目で，K_- は自明な結び目，K_0 は左ホップリンクとなり，左ホップリンクは右ホップリンクの鏡像であるので，このジョーンズ多項式は $-t^{5/2} - t^{1/2}$ となり，

$$\begin{aligned} V_{K_+}(t) &= t^{-2} V_{K_-}(t) - t^{-1} \left(t^{1/2} - t^{-1/2}\right) V_{K_0}(t) \\ &= t^{-2} - \left(t^{-1/2} - t^{-3/2}\right)\left(-t^{1/2} - t^{5/2}\right) \\ &= t^{-2} - t^{-1} + 1 - t + t^2 \end{aligned}$$

となる．8の字結び目とその鏡像とは，前に4交点結び目について調べたことから，同じ型の結び目となり，8の字結び目のジョーンズ多項式は t と t^{-1} について対称な形となっている．

定理（鏡像と同じ型になる結び目のジョーンズ多項式） 結び目 K とその鏡像 K^* が同じ型の結び目であるとき，K のジョーンズ多項式は次を満たす．

$$V_K(t) = V_K(t^{-1})$$

これは，結び目が鏡像と同じ型になるための必要条件であり，三葉結び目のように，この条件を満たさないものは鏡像とは異なる型となる．

1.4 状態和を用いた不変量

1.4.1 状態和

これまでいろいろと計算してきたことからもわかるようにジョーンズ多項式は結び目を見分けるのに大変有効である．そこで，ここでは，ジョーンズ多項式が本当に結び目の不変量となることを示そう．素朴にスケイン関係式だけを用いて証明するのは，不可能ではないが，なかなか大変であり，そのためにジョーンズ多項式が1980年代まで発見されなかったといってもよいぐらいである．ジョーンズは作用素環を用いてジョーンズ多項式の存在を示したのであるが，ここでは，カウフマン（L. H. Kauffman）による状態和模型を用いた存在証明を紹介する．

状態和とは，もともと統計力学で使われていた考え方である．統計力学のもとになったのは，気体運動論である．ある容器のなかの希薄な気体を考える．この容器のなかの気体分子の平均の運動エネルギーは気体の気温に比例し，運動の仕方は方向にはよらないので，1個の気体分子の運動エネルギーを e とし，そのすべての分子に関する平均を E とすると，

$$E = \frac{3}{2}kT$$

という関係が成り立つ．ここでの比例定数 k をボルツマンの定数という．

気体分子がときどき他の分子や壁に衝突しながら運動する様子を解析すると，1つ1つの気体分子の運動エネルギー e の分布の様子を知ることができ，実際，温度が T のときの分布は次で与えられる．

$$f(e) = C(T)\exp(-e/kT)$$

$C(T)$ は全確率が1となるように正規化するための係数で，

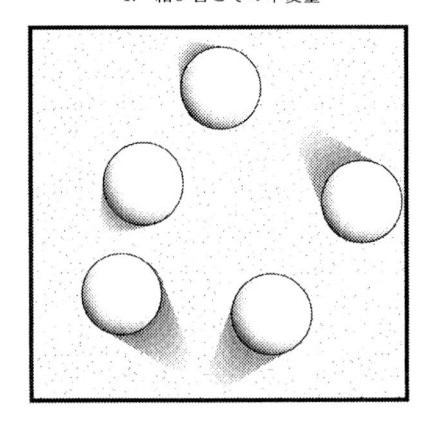

図 1.36 気体分子の運動

$$C(T) = \int_0^\infty \exp\left(-e/kT\right) de = kT$$

となる．この分布は，マックスウェル–ボルツマンの速度分布法則と呼ばれ，運動エネルギーが大きくなるに従って指数関数的にそのエネルギーをもつ分子の数が減っていくことを示している．また，その減り方は，温度が高くなるにつれ緩やかになる（図 1.37 参照）．

ボルツマン（L. Boltzmann）は，この分布が，気体の分子運動に限らず，多くの熱力学的な系で成り立っていることを示した．たとえば，ある金属の原子が格子状に並んでいる状態を考える（図 1.38 参照）．それぞれの原子にはスピンと呼ばれる上向きか下向きかを向く磁石のような性質があるものとする．このとき，格子状に並んだ原子それぞれが，上向き，または下向きのスピンをもっているわけだが，温度があるということは，熱により，ときどきスピンの状態が上下ひっくり返ることと考えられる．このような系に対し，スピンの向き方の様子を上で述べた分布を使って記述できるのである．スピンの向き方を決めるごとにその状態の状態エネルギーが定まる．たとえば，隣同士のスピンがそろっているときは逆になっているときより安定しているとすると，スピンの向きがバラバラになっていればいるほど，状態エネルギーは高いことになる．各原子に対するスピンの状態を s で表し，その状態エネルギーを $E(s)$ とする．このとき，スピンの状態に関する確率分布 $f(s)$ は，

1.4 状態和を用いた不変量

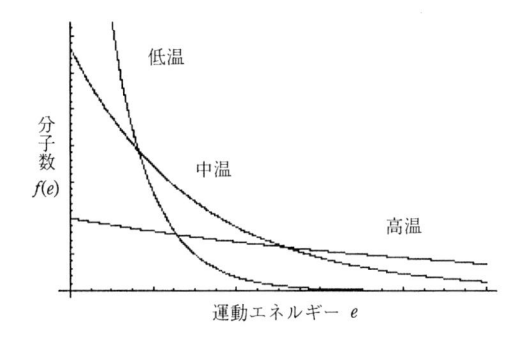

図 1.37 気体分子の運動エネルギーの分布

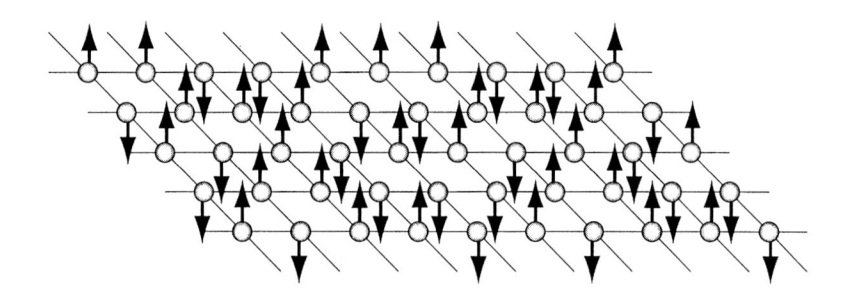

図 1.38 格子模型

$$f(s) = Z(T)^{-1} \exp(-E(s)/kT)$$

となるのである.ここで,$Z(T)$ は,先ほどの $C(T)$ にあたる温度 T ごとに決まる定数で,

$$Z(T) = \sum_{s:\text{スピンの状態}} \exp(-E(s)/kT)$$

となる.この $Z(T)$ のように,さまざまな状態があり,それぞれの状態ごとにある数が定まっているような系において,この数を考えられるすべての状態について足しあげたものを**状態和**という.

このスピンの例では,それぞれの状態のエネルギー $E(s)$ は,スピンの並び方によって決まるのであるが,実際には,隣同士の関係だけから状態エネルギーが決まるとしても,興味深い結論が得られることが知られている.$E_i(s)$ により,i 番目の原子のまわりのスピンから決まる局所的な状態エネルギーを表し,

局所エネルギーと呼ぶことにする．これを足し合わせたものが全体の状態に対応するエネルギー $E(s)$ である．

$$E(s) = \sum_i E_i(s)$$

そして，このときの状態和 $Z(T)$ は

$$\begin{aligned}Z(T) &= \sum_s \exp(-E(s)/kT) \\ &= \sum_s \exp\left(-\left(\sum_i E_i(s)\right)/kT\right) \\ &= \sum_s \prod_i \exp(-E_i(s)/kT)\end{aligned}$$

となる．金属の磁化についての性質や，水を冷やすと氷になるといった，一般に相転移と呼ばれる現象の多くが，このような，隣同士の関係だけから決まる状態エネルギーと，マックスウェル–ボルツマンの分布を用いたモデルで説明できるのである．

実際に計算で使われるのは，局所エネルギー $E_i(s)$ の指数関数

$$W_i(s) = \exp(-E_i(s)/kT)$$

の積である．そこで，局所エネルギーの指数関数を**ボルツマンの重み**と呼び，これを局所的な状態を表す基本的な量と考えることにする．ボルツマンの重みと状態和，およびマックスウェル–ボルツマンの分布法則から，このモデルで表される物質などの基本的な性質が導かれるのである．先の例では状態和は $W_i(s)$ を用いて

$$Z(T) = \sum_s \prod_i W_i(s)$$

となる．この考え方は，これまで述べてきた物理的な系ばかりでなく，数学的な対象にも応用できる．結び目のジョーンズ多項式についてもこの考え方が使えるのであるが，慣れるために，まず，3彩色数と呼ばれる簡単な不変量について考察する．

1.4.2　3 彩 色 数

結び目を図で表すとき，図 1.39 のように交点のところで，下を通っている紐を交点の前後で切って表す．つまり，交点が n 個ある結び目の図は，n 本の線がつながってできている．たとえば，三葉結び目の図は，3 本の線からなっている．

前項の状態和の説明では，格子状に並んだ原子のスピンを例にとって説明したが，3 彩色数では，結び目の図の 3 本の線それぞれに赤，青，黄の 3 色どれか 1 つずつを対応させることとする．このように塗り分けると，結び目の図に交点が n 個あるとき，n 本の線の塗り分け方は 3^n 通りあることとなる．

このように塗り分けたもののうち，次の条件を満たす塗り分け方を取り出そう．

塗り分け条件

　各交点でのまわりの塗り分け方が，次の 2 種類のいずれかになっている．交点のまわりの 3 つの線が，すべて同じ色であるか，またはすべて違う色である（図 1.40 参照）．

たとえば，三葉結び目の場合は，27 通りの塗り分けのうち，この条件を満たす塗り分け方は図 1.41 の 9 通りしかない．なお，絡まっていない自明な結び目の場合は交点がないのでこの条件は自動的に満たされ，条件を満たす塗り分け方が図 1.42 の 3 通りあることになる．このように，上の塗り分け条件を満たす塗り分け方の場合の数のことを **3 彩色数** と呼ぶ．

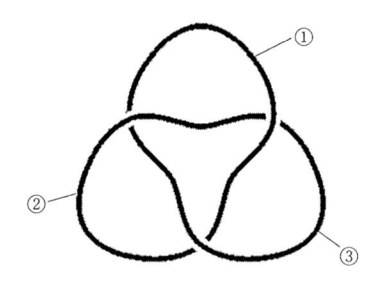

図 1.39　結び目の図

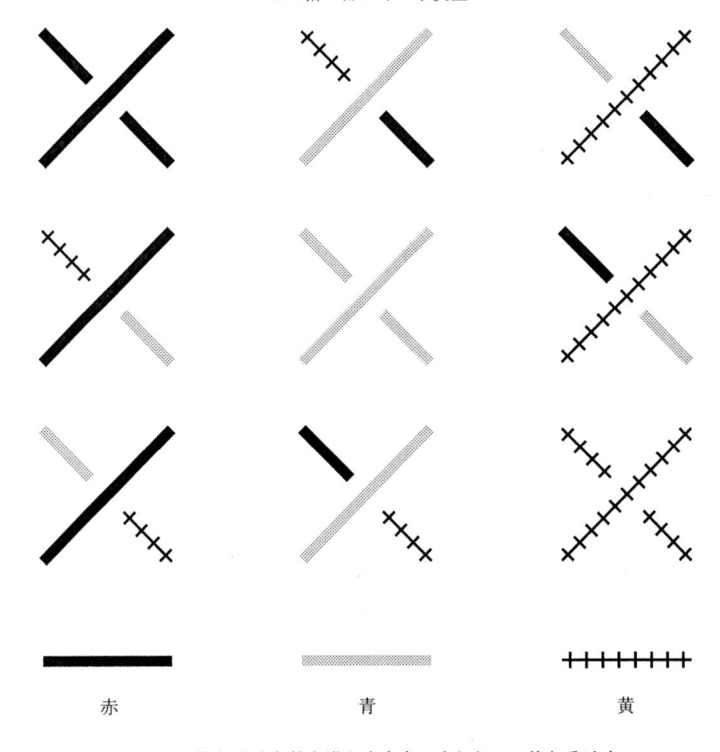

図 1.40 塗り分け条件を満たす交点のまわりでの塗り分け方

3彩色数の定義は，状態和を用いて言い換えることができる．結び目の図 K に対し，その各連結な線に赤，青，黄の3色を対応させたものを K の状態と呼ぶ．s を K の1つの状態とし，K の交点 c に対し，s によって定まる c のまわりの3つの線の塗り分け方に応じてボルツマンの重み $W_c(s)$ を次で定義する．

$$W_c(s) = \begin{cases} 1 & (c \text{ のまわりの線が全部同じ色，または全部違う色}) \\ 0 & (\text{その他の場合}) \end{cases}$$

そして状態和 $Z(K)$ を

$$Z(K) = \sum_{s: K \text{ の状態}} \prod_{c: K \text{ の交点}} W_c(s)$$

で定義する．$\prod_{c: K \text{ の交点}} W_c(s)$ は，状態 s のときのすべての交点におけるボ

1.4 状態和を用いた不変量

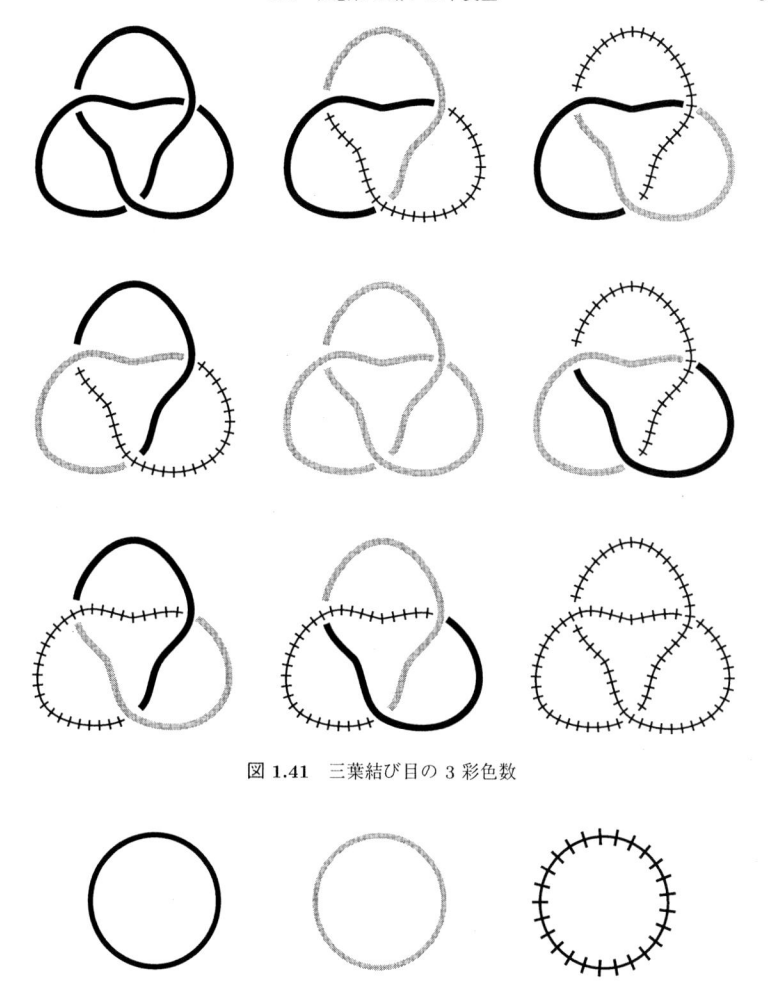

図 1.41 三葉結び目の 3 彩色数

図 1.42 自明な結び目の 3 彩色数

ルツマンの重みの積であるが，1つでも塗り分け条件を満たさない交点があると 0，すべての交点で塗り分け条件が満たされるときに 1 となるので，$Z(K)$ は，塗り分け条件を満たす状態の数を数えていることになって，3 彩色数と一致する．この $Z(K)$ の定義式は，統計物理における状態和の定義と同じ形をしている．

さて，3彩色数は結び目の図に対して定義されたものだが，実際には次が成り立つ．

定理 3彩色数は結び目の不変量である．

この定理を示すためには，3彩色数がライデマイスター変型で変わらないことをいえばよいのだが，そのために，次の性質に注目する．

3彩色数の局所性

K と L とを2つの結び目の図とする．それぞれは K_1, K_2 と L_1, L_2 という2つの部分に別れていて，それぞれの部分が $2k$ 本の線で結ばれているとする．さらに，K_1 と L_1 は同じ図であるとする．このとき，K_2 から出ている $2k$ 本の線と L_2 から出ている $2k$ 本の線の間に自然な対応があるが，この両方に，対応する線は同じ色になるように赤，青，黄を対応させる．そして，K_2 の残りの連結な線に塗り分け条件を満たすように赤，青，黄を対応させる場合の数を $c(K_2)$，L_2 の残りの連結な線に塗り分け条件を満たすように赤，青，黄を対応させる場合の数を $c(L_2)$ とする．まわりの $2k$ 本の線に対する塗り分け方が何であっても，$c(K_2)$ と $c(L_2)$ が等しいとき，K と L の3彩色数は等しい．

この性質は次のようにして成り立つことが分かる．K と L を3色で塗りわけていくとき，まず，2つの部分をつないでいる $2k$ 本の部分の塗り分け方を決め，それから2つに別れたそれぞれの部分の塗り分け方を考えていくと，K_1 と L_1 とは同じ図なので，当然塗り分け方の数は等しく，また，K_2 と L_2 の部分については，上の仮定から塗り分け方の数が等しくなるので，結局全体としても塗り分け方の数が等しくなるのである．

ライデマイスター変型は結び目の一部分の変型なので，3彩色数の局所性を用いて，ライデマイスター変型による3彩色数の不変性を証明することができる．

1.4 状態和を用いた不変量

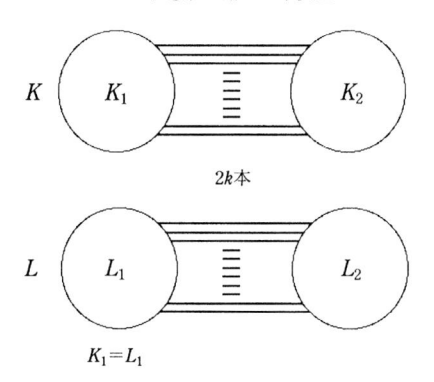

図 **1.43**　3 彩色数の局所性

図 **1.44**　RI に対応する塗り分け (1)

定理の証明

RI に関する不変性　まず，図 1.44 の 2 つの図に対して 3 彩色数を比べる．まず，左の図では，交点がないので考えにくいが，上下の点が同じ色のとき，1 で，違う色のときは，図の上でつながっている紐が違う色で塗られることとなり，条件に合わないので，0 となる．一方，右の図では，上の点がたとえば青だとすると，図の交点のまわりの 3 つの紐のうち，2 つが青なので，下の紐が青のときは条件を満たすが，そうでないときは，条件を満たさない．よって，上の紐と下の紐がともに青のときは 3 彩色数は 1 となる．同様に，上の紐と下の紐が同じ色のときは 1 となり，そうでないときは 0 となる．これは，上下の点のすべての塗り分け方に対する 3 彩色数が左の図の 3 彩色数と同じになるので，ライデマイスター変形 RI で，3 彩色数は変わらないことがわかる．

逆にひねる RI 変形に対しても同様にして，3 彩色数が変わらないことがわかる．

図 1.45　RI に対応する塗り分け (2)

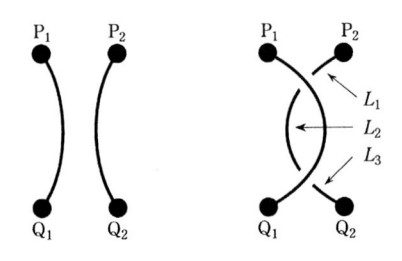

図 1.46　RII に対応する塗り分け (1)

RII に関する不変性　まず，図 1.46 の左の図と右の図の局所的な 3 彩色数が一致することを示す．すなわち，図の上端の 2 点と下端の 2 点，計 4 点の色を指定したときの 3 彩色数が両者で一致することを示す．上端の 2 点を，左から P_1, P_2 とし，下端の 2 点を左から Q_1, Q_2 とする．左の図では，P_1 と Q_1，P_2 と Q_2 がそれぞれ切れ目のない線で結ばれているので，P_1 と Q_1 の色が一致し，P_2 と Q_2 の色が一致する場合のみ条件が満たされて 3 彩色数は 1 となり，それ以外の場合は 0 となる．右の図の場合も，P_1 と Q_1 とは切れ目のない線でつながれているので，条件が満たされるのはこの 2 点の色が同じ場合のみである．このとき，P_2 と Q_2 を結ぶ，3 つに分けられた線の条件を満たす塗り分け方について考察する．この線の 3 つの部分を上から L_1, L_2, L_3 とする．

まず，P_1 と P_2 の色が同じ場合を考えてみる．このとき，L_1 も同じ色で塗られ，上の交点のまわりの 3 本の紐のうち 2 本が同じ色で塗られることになる．したがって，塗り分け条件を満たすようにするためには，L_2 も同じ色にする必要がある．同様にして，下の交点のところでも 3 本の紐のうち 2 本が同じ色となるので，L_3 も同じ色にする必要があり，Q_2 は Q_1 と同じ色でなければならない．以上のことから，P_1 と P_2 が同じ色のときは，Q_1 と Q_2 もともにこの

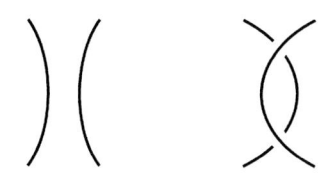

図 1.47 RII に対する塗り分け (2)

色のときは 3 彩色数は 1, そうでないときは 0 となる.

今度は, P_1 と P_2 の色が異なる場合を考えてみよう. 例として, P_1 が赤, P_2 が青としてみる. このとき, P_1 と Q_1 を結ぶ紐は赤であり, L_1 は青となる. そこで, 上の交点でのまわりで塗り分け条件を満たすようにしようとすると, L_2 は黄でなければならない. さらに, 下の交点で塗り分け条件を満たそうとすると, L_3 は青でなければならない. したがって, Q_2 も青ということになる. 以上より, P_1 が赤, P_2 が青のときは, Q_1 が赤, Q_2 が青のときに 3 彩色数は 1, そうでないときは 0 となる. P_1 と P_2 の異なる色の組み合わせはあと 5 通りあるが, 上と同様にして, P_1 と Q_1, P_2 と Q_2 の色がそれぞれ一致する場合に 3 彩色数は 1, それ以外の場合は 0 となる. 以上まとめて, P_1 と Q_1, P_2 と Q_2 の色がそれぞれ一致する場合に 3 彩色数は 1, それ以外の場合は 0 となることがわかり, 左の図の場合と完全に一致する.

図 1.47 の RII 変形に対しても, 同様にして 3 彩色数が変わらないことがわかる.

RIII に関する不変性 図 1.48 の 2 つの図で比べる. 左の図の上端の点を左から P_1, P_2, P_3, 下端の点を Q_1, Q_2, Q_3 とし, また, 右の図に対しては上端の点を P_1', P_2', P_3', 下端の点を Q_1', Q_2', Q_3' とする. そして, 上端の点 P_1, P_2, P_3 および P_1', P_2', P_3' の色がともに左から c_1, c_2, c_3 (c_1, c_2, c_3 はそれぞれ赤, 青, 黄のいずれか) となるとき, 塗り分け条件を満たすように各交点でのまわりでの紐の色を決めていったとき, Q_1, Q_2, Q_3 および Q_1', Q_2', Q_3' の色の付き方が一致することが確かめられれば, RIII 変形で 3 彩色数が不変なことがいえる. そのために, 次の記号を用意する. x, y をともに赤, 青, 黄のいずれかとし,

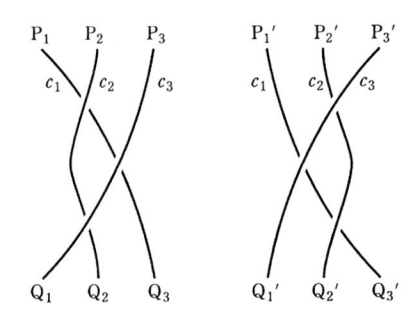

図 1.48 RIII に対応する塗り分け

$$x * y = \begin{cases} x & (x = y) \\ 赤, 青, 黄のうち x でも y でもないもの & (x \neq y) \end{cases}$$

とする．こうすると，図 1.48 のようにして，Q_1 および Q_1' の色は c_3，Q_2 および Q_2' の色は $c_2 * c_3$ となる．また，Q_3 の色は $(c_1 * c_2) * c_3$ となり，Q_3' の色は $(c_1 * c_3) * (c_2 * c_3)$ となる．そこで，次を示す．

命題 c_1, c_2, c_3 が赤，青，黄の任意の組み合わせのとき，

$$(c_1 * c_2) * c_3 = (c_1 * c_3) * (c_2 * c_3)$$

が成り立つ．

証明 c_1, c_2, c_3 として考えられる 27 通りすべてについて確かめればよいのだが，3 つの色に関して対称的なので，c_1 が赤の場合についてだけ確かめる．表 1.1 により，確認される． 証明終

以上の考察により，3 彩色数が結び目の不変量，つまり結び目の型にだけよる数であることが示された．自明な絡まっていない結び目に対しては 3 彩色数が 3 なのに対し，三葉結び目では 3 彩色数は 9 となり，3 と異なっている．三葉結び目にどのようにライデマイスター変型をしていっても 3 彩色数は 9 のままである，ということを証明したわけで，このことから，三葉結び目と自明な結び目とは本当に違う型の結び目であることがわかり，三葉結び目がほどけないことが数学的に裏付けられた．

1.4 状態和を用いた不変量

表 1.1 $(c_1 * c_2) * c_3 = (c_1 * c_3) * (c_2 * c_3)$ の証明

c_1	c_2	c_3	$c_1 * c_2$	$(c_1 * c_2) * c_3$	$c_1 * c_3$	$c_2 * c_3$	$(c_1 * c_3) * (c_2 * c_3)$
赤	赤	赤	赤	赤	赤	赤	赤
赤	赤	青	赤	黄	黄	黄	黄
赤	赤	黄	赤	青	青	青	青
赤	青	赤	黄	青	赤	黄	青
赤	青	青	黄	赤	黄	青	赤
赤	青	黄	黄	黄	青	赤	黄
赤	黄	赤	青	黄	赤	青	黄
赤	黄	青	青	青	黄	赤	青
赤	黄	黄	青	赤	青	黄	赤

1.4.3 カウフマンの状態和

カウフマン (L. H. Kauffman) は，ジョーンズ多項式を状態和を用いて定義し直した．この方法は，応用上非常に有用な定式化となっていて，ジョーンズ多項式が結び目の不変量となることの証明に使われるだけでなく，ジョーンズ多項式の性質を知るのにも大変有効なものである．

3 彩色数のときは結び目の図の連結な数に 3 つの数を対応させたが，カウフマンの状態和では，結び目の図の各交点に対して，次の図 1.49 のような 2 つの状態を対応させる．結び目の図 K に対し，各交点にこのような 2 つの状態どちらかを対応させたものを K の状態と呼ぶ．たとえば，三葉結び目の図は，3 個の交点があるので，8 通りの状態がある．s を K の 1 つの状態とし，K_s で，K の各交点を s で決まる状態に置き換えてできる図とする．このとき，状態和 $\langle K \rangle$（カウフマンの状態和の時は $Z(K)$ のかわりにこう書く）を次で定義する．

$$\langle K \rangle = \sum_{s: K \text{ の状態}} \mu^{d(s)-1} \prod_{c: K \text{ の交点}} W_c(s)$$

ただし，この式の意味は次のとおりである．A を 0 でない数（複素数でもよい）とし，

$$\mu = (-A^2 - A^{-2})$$

とする．また，K_s はいくつかの絡まっていない閉じた線となるので，その本数を $d(s)$ とする．また，$W_c(s)$ を，s が交点 c に対して，図 1.49 の左の状態を対応させているとき A，右の状態を対応させているとき A^{-1} とする．交点に対するこの 2 つの状態は，次のようにして区別される．交点の 2 本の紐が右

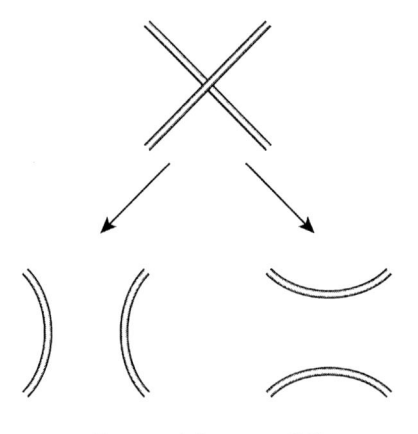

図 1.49 交点の 2 つの状態

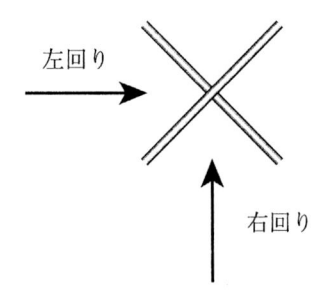

図 1.50 右回りにみえる方向と左回りにみえる方向

回りになっているようにみえる方向からみて，この 2 本の紐をまっすぐに置き換えたとき A が，また，左回りになっているようにみえる方向からみて，まっすぐに置き換えたものが A^{-1} に対応している．この状態和 $\langle K \rangle$ は，$\mu^{d(s)}$ の項があるので，3 彩色数の場合より少し複雑である．

1.4.4　ライデマイスター変型との関係

実際の計算では，状態和の定義から出てくる次の関係式が有効である．

関係式 1

$$\langle K \rangle = A \langle K_0 \rangle + A^{-1} \langle K_\infty \rangle$$

図 1.51 K_0, K_∞

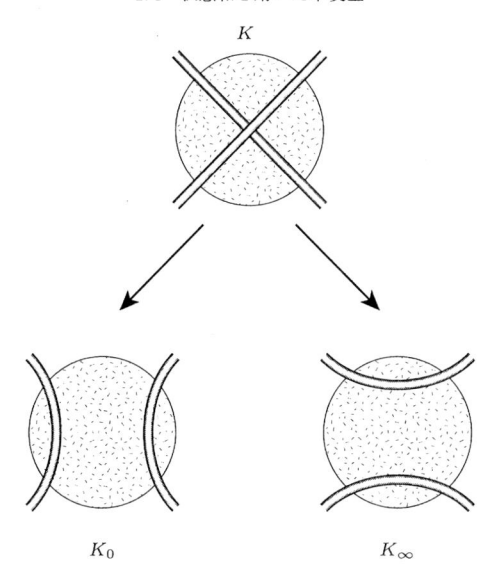

ここで, K_0, K_∞ は図 1.51 で与えられる, K のある交点のところだけを図のように置き換えたもののことである.

関係式 2

$$\langle K \sqcup \bigcirc \rangle = (-A^2 - A^{-2}) \langle K \rangle$$

ここで, $K \sqcup \bigcirc$ は, 結び目の図 K と $\bigcirc$ との直和, すなわち, K と交点のない閉じた線との 2 つの互いに交わらない部分からなる結び目の図のことである.

関係式 1 と関係式 2 とから次の関係式がわかる.

関係式 3（RI との関係）

証明

$$\left\langle \vcenter{\hbox{⟩⊂}} \right\rangle \underset{\text{関係式}_1}{=} A \left\langle \;\bigg|\; \bigcirc \;\right\rangle + A^{-1} \left\langle \vcenter{\hbox{)⊂}} \right\rangle$$

$$\underset{\text{関係式}_2}{=} A(-A^2 - A^{-2}) \left\langle \;\bigg|\; \right\rangle + A^{-1} \left\langle \;\bigg|\; \right\rangle$$

$$= (-A^3) \left\langle \;\bigg|\; \right\rangle$$

同様に,

$$\left\langle \vcenter{\hbox{⟩⊃}} \right\rangle \underset{\text{関係式}_1}{=} A \left\langle \vcenter{\hbox{⟩⊃}} \right\rangle + A^{-1} \left\langle \;\bigg|\; \bigcirc \;\right\rangle$$

$$\underset{\text{関係式}_2}{=} A \left\langle \;\bigg|\; \right\rangle + A^{-1}(-A^2 - A^{-2}) \left\langle \;\bigg|\; \right\rangle$$

$$= (-A^{-3}) \left\langle \;\bigg|\; \right\rangle \qquad \text{証明終}$$

次に RII との関係をみてみよう.

関係式 4(RII との関係)

$$\left\langle \vcenter{\hbox{⨉⨉}} \right\rangle = \left\langle \vcenter{\hbox{)(}} \right\rangle = \left\langle \vcenter{\hbox{⨉⨉}} \right\rangle$$

証明 まず最初の等式を示す. 関係式 1 を用いて変形していくと

$$\left\langle \vcenter{\hbox{⨉⨉}} \right\rangle = A \left\langle \vcenter{\hbox{)(}} \right\rangle + A^{-1} \left\langle \vcenter{\hbox{⨉⌣}} \right\rangle$$

$$= A^2 \left\langle \vcenter{\hbox{∪∩}} \right\rangle + \left\langle \vcenter{\hbox{)(}} \right\rangle + \left\langle \vcenter{\hbox{⌣⌢}} \right\rangle + A^{-2} \left\langle \vcenter{\hbox{⌣⌢}} \right\rangle$$

$$= \left\langle \vcenter{\hbox{)(}} \right\rangle + (A^2 + A^{-2}) \left\langle \vcenter{\hbox{⌣⌢}} \right\rangle + \left\langle \vcenter{\hbox{⌣⌢}} \right\rangle$$

となるので，さらに関係式2を使うと

$$\text{上式} = \Big\langle \;\Big)\Big(\; \Big\rangle + (A^2 + A^{-2}) \Big\langle \;\underset{\frown}{\overset{\frown}{\times}}\; \Big\rangle + (-A^2 - A^{-2}) \Big\langle \;\underset{\frown}{\overset{\frown}{\times}}\; \Big\rangle$$

$$= \Big\langle \;\Big)\Big(\; \Big\rangle$$

となり，最初の等式が証明された．2番目の等式も同様に証明される．

証明終

さらにRIIIとの関係をみてみよう．

関係式5（RIIIとの関係）

$$\Big\langle \;\diagup\!\!\!\!\diagdown\!\!\!\!\diagup\; \Big\rangle = \Big\langle \;\diagdown\!\!\!\!\diagup\!\!\!\!\diagdown\; \Big\rangle$$

証明 関係式1より

$$\Big\langle \;\diagup\!\!\!\!\diagdown\!\!\!\!\diagup\; \Big\rangle = A \Big\langle \;\diagup\!\!\!\!\diagdown\!\!\!\!\diagup\; \Big\rangle + A^{-1} \Big\langle \;\diagup\!\!\!\!\diagdown\!\!\!\!\diagup\; \Big\rangle$$

$$\Big\langle \;\diagdown\!\!\!\!\diagup\!\!\!\!\diagdown\; \Big\rangle = A \Big\langle \;\diagdown\!\!\!\!\diagup\!\!\!\!\diagdown\; \Big\rangle + A^{-1} \Big\langle \;\diagdown\!\!\!\!\diagup\!\!\!\!\diagdown\; \Big\rangle$$

となるが，先のRIIとの関係を使うと，

$$\Big\langle \;\diagup\!\!\!\!\diagdown\!\!\!\!\diagup\; \Big\rangle = \Big\langle \;\diagdown\!\!\!\!\diagup\!\!\!\!\diagdown\; \Big\rangle$$

となるので，$\Big\langle \;\diagup\!\!\!\!\diagdown\!\!\!\!\diagup\; \Big\rangle = \Big\langle \;\diagdown\!\!\!\!\diagup\!\!\!\!\diagdown\; \Big\rangle$ となる．

証明終

1.4.5　ジョーンズ多項式との関係

上でみたように，結び目の図に対して定義されるカウフマンの状態和は，その図をライデマイスター変形のRIIやRIIIで変形したときには変化しないが，

RIで変形したときは $(-A^3)$ 倍，もしくは $(-A^{-3})$ 倍変わってしまう．RI という変形は，結び目にねじれを加えるような変形であり，結び目のねじり数と呼ばれるものを使って状態和を調節することで，RIでも変化しないようにできる．K を結び目の図としよう．K のねじり数を定義するために，K には向きが付けられているとし，K の2種類の交点に図 1.52 のように $+1, -1$ を対応させる．$+1$ に対応する交点を**正の交点**，-1 に対応する交点を**負の交点**と呼ぶ．そして，K のすべての交点に関するこの $+1, -1$ を足したものを K のねじり数と呼び，$w(K)$ と書くこととする．このとき，K に対して，次の式 $J(K)$ を考えてみよう．

$$J(K) = (-A^3)^{-w(K)} \langle K \rangle$$

定理 $J(K)$ は，ライデマイスター変形 RI, RII, RIII で不変であり，結び目の不変量である．

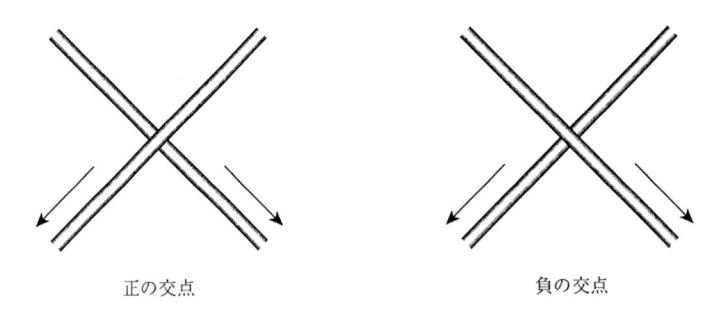

正の交点　　　　　　負の交点

図 1.52　正の交点，負の交点

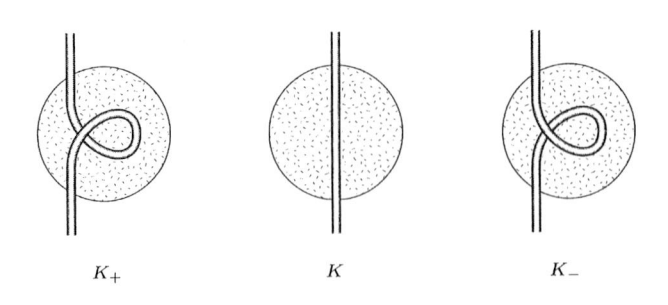

K_+　　　　　　K　　　　　　K_-

図 1.53　K にひねりを加えた K_+, K_-

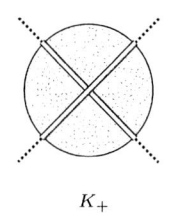

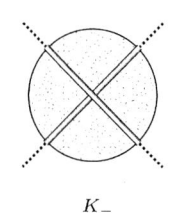

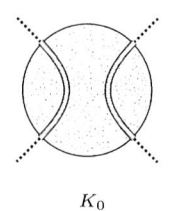

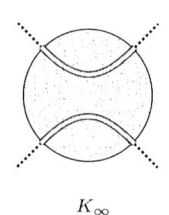

図 1.54 4つの結び目 K_+, K_-, K_0, K_∞

証明

RI での不変性 結び目の図 K に対し，その紐のある場所に図 1.53 のようにひねり，すなわちライデマイスター変形 RI を施してできた結び目の図を K_+, K_- としよう．このとき，

$$w(K_+) = w(K) + 1, \quad w(K_-) = w(K) - 1$$

なので，

$$J(K_\pm) = (-A^3)^{-w(K_\pm)} \langle K_\pm \rangle = (-A^3)^{-(w(K)\pm 1)} (-A^3)^{\pm 1} \langle K \rangle$$
$$= (-A^3)^{-w(K)} \langle K \rangle = J(K)$$

よって，$J(K)$ は RI で不変である．

RII, RIII での不変性 RII や RIII で変形したとき，結び目のねじり数は変化しない．また，状態和もすでに調べたように変化しない．よって $J(K)$ も変化しない．　　　　　　　　　　　　　　　　　　　　　　　証明終

われわれは，カウフマンの状態和から結び目の不変量 $J(K)$ を構成した．実は，この不変量は，ジョーンズ多項式と本質的に等しいものである．正確には，次が成り立つ．

定理 結び目 K に対し，カウフマンの状態和から構成された結び目の不変量 $J(K)$ と，ジョーンズ多項式 $V(K)$ との間には，次の関係式が成り立つ．

$$J(K) = V_K(A^4)$$

証明 ジョーンズ多項式は，スケイン関係式で定義されていたので，$J(K)$

がスケイン関係式を満たすことを示す．K_+, K_0, K_- を，スケイン関係式で出てくる 3 つの結び目とし，K_∞ をさらに図 1.54 のような（向きの付いていない）結び目とする．これら 4 つの結び目は図の外の部分はみな等しいとする．このとき，

$$w(K_\pm) = w(K_0) \pm 1$$

なので，

$$\begin{aligned}J(K_+) &= (-A^3)^{-w(K_+)} \langle K_+ \rangle \\ &= (-A^3)^{-w(K_0)-1} \left(A \langle K_0 \rangle + A^{-1} \langle K_\infty \rangle \right) \\ &= (-A^3)^{-w(K_0)} \left(-A^{-2} \langle K_0 \rangle - A^{-4} \langle K_\infty \rangle \right)\end{aligned}$$

となる．同様に，

$$J(K_-) = (-A^3)^{-w(K_0)} \left(-A^2 \langle K_0 \rangle - A^4 \langle K_\infty \rangle \right)$$

となる．この 2 式から $\langle K_\infty \rangle$ を消去するため，$J(K_+)$ を A^4 倍，$J(K_-)$ を A^{-4} 倍して差をとると，

$$\begin{aligned}A^4 J(K_+) - A^{-4} J(K_-) &= (-A^3)^{-w(K_0)} \left(-A^2 + A^{-2} \right) \langle K_0 \rangle \\ &= - \left(A^2 - A^{-2} \right) J(K_0)\end{aligned}$$

となる．一方，ジョーンズ多項式のスケイン関係式で $t = A^4$, $t^{1/2} = A^2$ としたものは，

$$A^4 V_{K_+}(A^4) - A^{-4} V_{K_-}(A^4) = -(A^2 - A^{-2}) V_{K_0}(A^4)$$

という関係式を満たす．これは，J の満たす関係式と同じものであり，また，J も V も自明な結び目に対しては 1 となる．スケイン関係式からすべての結び目に対するジョーンズ多項式が計算できたので，J と V で $t = A^4$ としたものが同じスケイン関係式を満たすということは，両者が本質的に同じものであることを示している． 証明終

1.4.6 ジョーンズ多項式の正当性

ジョーンズ多項式とカウフマンの状態和との対応を使うと，ジョーンズ多項式がスケイン関係式から一意的に定義されることがわかる．様々な結び目に対するジョーンズ多項式の計算例から，スケイン関係式からどのようにして結び目のジョーンズ多項式を計算すればよいか大体わかったことと思うが，スケイン関係式だけからジョーンズ多項式の一意性を示すのは意外と難しい．カウフマンの状態和では，ライデマイスター変形に関する性質がすぐに計算でき，このことから一意性が示されたのである．

1.5 さまざまな多項式不変量

1.5.1 アレキサンダー多項式

アレキサンダー多項式は，ジョーンズ多項式発見以前にもっともよく研究されていた結び目の不変量である．もともとは，結び目を3次元球面に埋め込まれているとみて，結び目の補空間を考え，その基本群についての可換化に関する性質から定義されたものであるが，1960年代にコンウェイがジョーンズ多項式と同じようなスケイン関係式で再定義した．アレキサンダー多項式を $\nabla_K(z)$ と書くことにすると，

$$\nabla_{K_+}(z) - \nabla_{K_-}(z) = z\, \nabla_{K_0}(z)$$

というスケイン関係式を満たす．ここで，K_+, K_-, K_0 はジョーンズ多項式を定義したときと同じように，ある部分が図 1.55 のようになっていて残りの部分が等しい3つの結び目を表している．このような関係にあるどのような3つの結び目に対しても，スケイン関係式が成り立つとするのである．なお，$\nabla_{\bigcirc}(z) = 1$ と定義する．

ジョーンズ多項式と同じようにして，三葉結び目や8の字結び目のアレキサンダー多項式を計算しよう．まず，2成分の自明な結び目 $K_{\bigcirc\bigcirc}$ の値を計算する．

$$\nabla_{\bigcirc\bigcirc} = \frac{1}{z}\left(\nabla_{\bigcirc} - \nabla_{\bigcirc}\right) = 0$$

となり，$\nabla_{\bigcirc\bigcirc}(z) = 0$ となる．

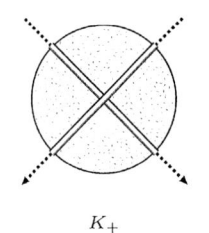

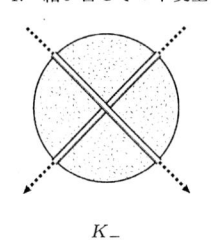

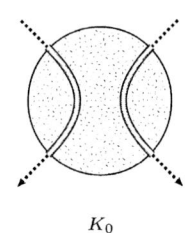

図 1.55　3 つの結び目 K_+, K_-, K_0

次に，右回りのホップリンク K_{Hr} のアレキサンダー多項式を計算しよう．

$$\nabla_{K_{Hr}}(z) = \nabla_{\bigcirc\bigcirc}(z) + z\nabla_{\bigcirc}(z) = z$$

となるので，$\nabla_{K_{Hr}}(z) = z$ である．同様に，左回りのホップリンク K_{Hl} について計算すると，

$$\nabla_{K_{Hl}}(z) = \nabla_{\bigcirc\bigcirc}(z) - z\nabla_{\bigcirc}(z) = -z$$

となり，$\nabla_{K_{Hl}}(z) = -z$ となる．

さらに，右三葉結び目 K_{3r} について計算してみよう．

$$\nabla_{K_{3r}}(z) = \nabla_{\bigcirc}(z) + z\nabla_{Hr}(z) = 1 + z^2$$

となり，$\nabla_{K_{3r}}(z) = 1 + z^2$ となる．同様に，左三葉結び目 K_{3l} について計算してみると，

$$\nabla_{K_{3l}}(z) = \nabla_{\bigcirc}(z) - z\nabla_{Hl}(z) = 1 + z^2$$

となり，$\nabla_{K_{3l}}(z) = 1 + z^2$ となる．これは，右三葉結び目のアレキサンダー多項式と等しい．

8 の字結び目 K_8 についても計算してみよう．

$$\nabla_{K_8}(z) = \nabla_{\bigcirc}(z) + z\nabla_{K_{Hl}}(z) = 1 - z^2$$

となり，$\nabla_{K_8}(z) = 1 - z^2$ となる．

以上の計算からも類推できるように，1 成分の結び目に対しては，アレキサンダー多項式は z^2 の多項式となる．また，ある結び目 K の鏡像 K^* のアレ

キサンダー多項式は，K のアレキサンダー多項式の z を $-z$ に置き換えたものとなるが，1成分の結び目は z^2 の多項式なので，鏡像のアレキサンダー多項式はもとの結び目のアレキサンダー多項式と一致する．

1.5.2　ホンフリー多項式

ジョーンズ多項式とアレキサンダー多項式との定義でのスケイン関係式から予想できるように，K_+ と K_- の係数を一般化した次のスケイン関係式を満たす不変量も定義できる．a と x とを 0 でないパラメータとする．

$$a^{-1} P_{K_+}(a,x) - a P_{K_-}(a,x) = x P_{K_0}(a,x)$$
$$P_{\bigcirc}(a,x) = 1$$

この関係式で定義される結び目の不変量は，ホンフリー（HOMFLY）多項式と呼ばれている．この HOMFLY というのは，この不変量を構成した人達の頭文字を並べたものである．この一般化は，ジョーンズ多項式とアレキサンダー多項式から容易に考えられるもので，この 6 人以外にも構成した人は数多くいたのだが，論文をいち早く発表した 6 人（Hoste, Ocneanu, Morton, Freyd, Lickorish, Yetter）の頭文字が付けられている．ホンフリー多項式で $a = t^{-1}$, $x = -t^{1/2} + t^{-1/2}$ とするとジョーンズ多項式が得られ，$a = 1, x = z$ とするとアレキサンダー多項式となる．

ホンフリー多項式もジョーンズ多項式やアレキサンダー多項式のように計算できる．自明な 2 成分結び目 $K_{\bigcirc\bigcirc}$，右回り，左回りのホップリンク K_{Hr}, K_{Hl}，右，左三葉結び目 K_{3r}, K_{3l} および 8 の字結び目 K_8 について，次のように計算できる．

$$P_{\bigcirc\bigcirc}(a,x) = x^{-1} \left(a^{-1} P_{\bigcirc}(a,x) - a P_{\bigcirc}(a,q) \right)$$
$$= -a x^{-1} + a^{-1} x^{-1}$$

$$P_{K_{Hr}}(a,x) = a^2 P_{\bigcirc\bigcirc}(a,x) + a x P_{\bigcirc}(a,x)$$
$$= a x - a^3 x^{-1} + a x^{-1}$$

$$P_{K_{Hl}}(a,x) = a^{-2}\, P_{\bigcirc\bigcirc}(a,x) - a^{-1}\, x\, P_{\bigcirc}(a,x)$$
$$= -a^{-1}\, x - a^{-1}\, x^{-1} + a^{-3}\, x^{-1}$$

$$P_{K_{3r}}(a,x) = a^2\, P_{\bigcirc}(a,x) + a\, x\, P_{K_{Hr}}(a,x)$$
$$= a\, x\, (a\, x - a^3\, x^{-1} + a\, x^{-1}) + a^2$$
$$= a^2\, x^2 - a^4 + 2\, a^2$$

$$P_{K_{3l}}(a,x) = a^{-2}\, P_{\bigcirc}(a,x) - a^{-1}\, x\, P_{K_{Hl}}(a,x)$$
$$= -a^{-1}\, x\, (-a^{-1}\, x - a^{-1}\, x^{-1} + a^{-3}\, x^{-1}) + a^{-2}$$
$$= a^{-2}\, x^2 + 2\, a^{-2} - a^{-4}$$

$$P_{K_8}(a,x) = a^2\, P_{\bigcirc}(a,x) + a\, x\, P_{K_{Hl}}(a,x)$$
$$= a\, x\, (-a^{-1}\, x - a^{-1}\, x^{-1} + a^{-3}\, x^{-1}) + a^2$$
$$= -x^2 + a^2 - 1 + a^{-2}$$

以上の計算からも類推されるように，1成分の結び目に対しては，ホンフリー多項式は，a^2, a^{-2}, x^2 の多項式となる．また，結び目 K の鏡像を K^* とするとき，K^* のホンフリー多項式は，K のホンフリー多項式で，a を $-a^{-1}$ に置き換えたものとなる．さらに，定義のスケイン関係式より，ジョーンズ多項式はホンフリー多項式で $a=t, x=t^{1/2}-t^{-1/2}$ としたものであり，アレキサンダー多項式は $a=1, x=z$ としたものである．

1.5.3 カウフマン多項式

ジョーンズ多項式には別の 2 変数化もある．a と x を 0 でない複素パラメータとし，まず，ライデマイスター変形の RII と RIII で不変な，次の関係式を満たす，向きの付いていない結び目の図 K の不変量 $D_K(a,x)$ を定義する．

$$D_{K_+}(a,x) + D_{K_-}(a,x) = x\, (D_{K_0}(a,x) + D_{K_\infty}(a,x))$$
$$D_{\hat{K}_+}(a,x) = a\, D_K(a,x)$$

1.5 さまざまな多項式不変量

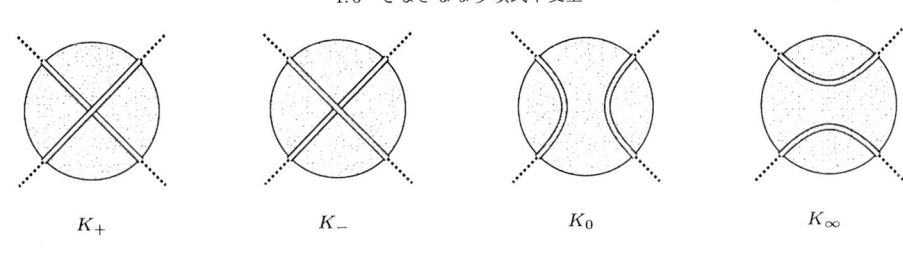

図 1.56 4つの結び目 K_+, K_-, K_0, K_∞

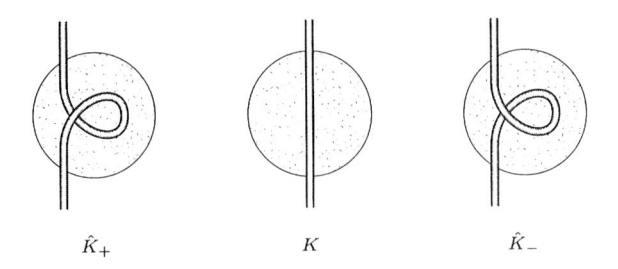

図 1.57 K にひねりを加えた $\hat{K}_+$, $\hat{K}_-$

$$D_{\hat{K}_-}(a,x) = a^{-1} D_K(a,x)$$
$$D_\bigcirc(a,x) = 1$$

ここで，K_+, K_-, K_0, K_∞ は，ある部分が図 1.56 で表され，この部分以外は4つとも等しい，結び目の図とする．また，結び目の図 K に対し，$\hat{K}_+$, $\hat{K}_-$ を，図 1.57 のように，それぞれ，K に正のひねり，負のひねりを付け加えたものとする．この不変量は，ライデマイスター変形の RI では，不変ではないが，カウフマンの状態和を用いた不変量のときと同じようにして，RI でも不変になるように調節することができる．すなわち，結び目の図 K に対し，$w(K)$ をそのねじり数，つまり正の交点の数から負の交点の数を引いたもの（図 1.52 参照）とし，

$$F_K(a,x) = a^{-w(K)} D_K(a,x)$$

とする．このように調節してできた不変量 $F_K(a,x)$ を，K の**カウフマン多項式**と呼ぶ．

カウフマン多項式は次の性質を満たす．

カウフマン多項式の性質

(1) 結び目 K に対し，$D_K(a,x)$ は K の向きに関係なく定義されている．

(2) 1成分結び目 K に対し，$w(K)$ は K の向きにはよらないので，$F_K(a,x)$ は K の向きによらない．

(3) $F_K(a,x)$ は，a, a^{-1}, x の多項式である．

(4) 結び目 K の鏡像を K^* とすると，
$$F_{K^*}(a,x) = F_K(a^{-1},x)$$

ジョーンズ多項式やアレキサンダー多項式，ホンフリー多項式では定義関係式が3つの結び目の間の関係式となっていたが，カウフマン多項式では4つの結び目の間の関係式となっていて，計算は少し面倒になる．まず，自明な2成分結び目 ○○ について計算しよう．K_0 が ○○ になるようにし，図 1.58 のように K_+, K_-, K_∞ を対応させると，

$$\begin{aligned} D_{\bigcirc\bigcirc}(a,x) &= -D_{K_\infty}(a,x) + x^{-1}\left(D_{K_+}(a,x) + D_{K_-}(a,x)\right) \\ &= -D_\bigcirc(a,x) + x^{-1}a^{-1}D_\bigcirc(a,x) + x^{-1}a\,D_\bigcirc(a,x) \\ &= -1 + a\,x^{-1} + a^{-1}x^{-1} \end{aligned}$$

であり，$w(\bigcirc\bigcirc) = 0$ なので，

$$F_{\bigcirc\bigcirc}(a,x) = -1 + a\,x^{-1} + a^{-1}x^{-1}$$

となる．

次にホップリンクについて計算する．K_{Hr} を右回りのホップリンクとするとき，K_{Hr} を K_+ として図 1.59 のように関係式を適用すると，

$$\begin{aligned} D_{K_{Hr}}(a,x) &= -D_{K_-}(a,x) + x\left(D_{K_0}(a,x) + D_{K_\infty}(a,x)\right) \\ &= -D_{\bigcirc\bigcirc}(a,x) + x\,a^{-1}D_\bigcirc(a,x) + x\,a\,D_\bigcirc(a,x) \end{aligned}$$

1.5 さまざまな多項式不変量

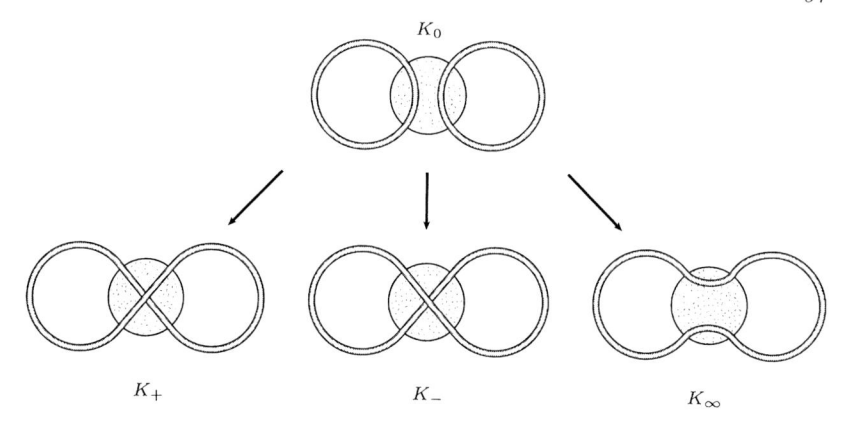

図 1.58 ◯◯ のカウフマン多項式の計算

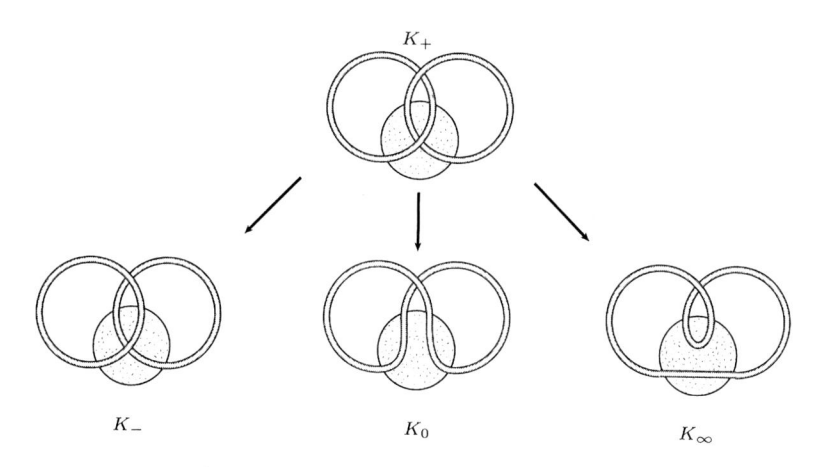

図 1.59 ホップリンクのカウフマン多項式の計算

$$= -(-1 + a\,x^{-1} + a^{-1}\,x^{-1}) + x\,a + x\,a^{-1}$$
$$= a\,x + a^{-1}\,x + 1 - a\,x^{-1} - a^{-1}\,x^{-1}$$

となり，$w(K_{Hr}) = 2$ なので，

$$F_{K_{Hr}}(a,x) = a^{-1}\,x + a^{-3}\,x + a^{-2} - a^{-1}\,x^{-1} - a^{-3}\,x^{-1}$$

となる．同様に，左回りのホップリンク K_{Hl} について計算すると，向きを考

えないときは，K_{Hr} と K_{Hl} とは同じ結び目となるので，

$$D_{K_{Hl}}(a,x) = D_{K_{Hr}}(a,x)$$

となり，$w(K_{Hl}) = -2$ なので，

$$F_{K_{Hl}}(a,x) = a^3 x + a x + a^2 - a^3 x^{-1} - a x^{-1}$$

となる．

三葉結び目についても計算してみよう．K_{3r} を右三葉結び目とし，これが K_+ となるように図 1.60 のように K_-, K_0, K_∞ を定めると，

$$\begin{aligned}
D_{K_{3r}}(a,x) &= -D_{K_-}(a,x) + x\,(D_{K_0}(a,x) + D_{K_\infty}(a,x)) \\
&= -a\,D_\bigcirc(a,x) + x\,D_{K_{Hr}}(a,x) + x\,a^{-2}\,D_\bigcirc(a,x) \\
&= -a + x\,(ax + a^{-1}x + 1 - ax^{-1} - a^{-1}x^{-1}) + x\,a^{-2} \\
&= a\,x^2 + a^{-1}\,x^2 + a^{-2}\,x + x - 2a - a^{-1}
\end{aligned}$$

であり，$w(K_{3r}) = 3$ より，

$$F_{K_{3r}} = a^{-2}\,x^2 + a^{-4}\,x^2 + a^{-3}\,x + a^{-5}\,x - 2a^{-2} - a^{-4}$$

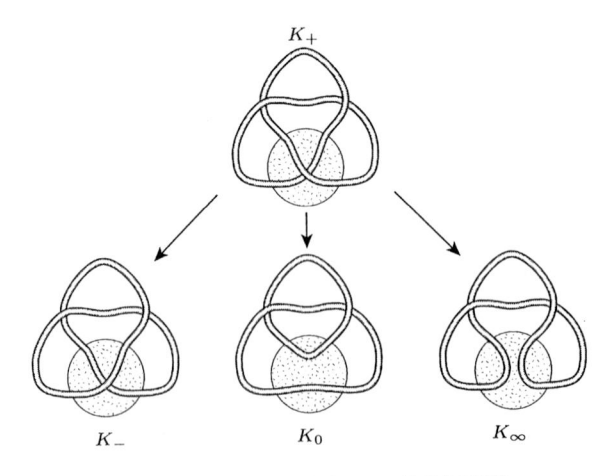

図 1.60 三葉結び目のカウフマン多項式の計算

1.5 さまざまな多項式不変量

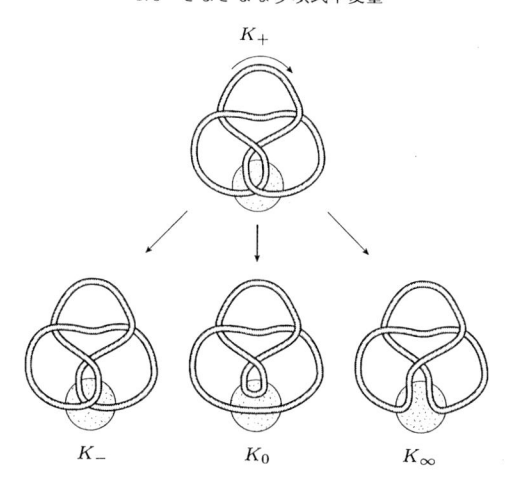

図 1.61 8の字結び目のカウフマン多項式の計算

となる．同様に，左三葉結び目 K_{3l} については，

$$F_{K_{3l}}(a,x) = a^4 x^2 + a^2 x^2 - a^5 x + a^3 x - 2a^4 - a^2$$

となる．

8の字結び目 K_8 についても計算してみよう．K_8 に図 1.61 のように K_-, K_0, K_∞ を対応させると，

$$\begin{aligned}
D_{K_8}(a,x) &= -D_{K_-}(a,x) + x\left(D_{K_0}(a,x) + D_{K_\infty}(a,x)\right) \\
&= -a^{-2} D_\bigcirc(a,x) + x\left(a D_{K_{Hl}}(a,x) + D_{K_{3r}}(a,x)\right) \\
&= -a^{-2} + x a \left(a x + a^{-1} x + 1 - a x^{-1} - a^{-1} x^{-1}\right) \\
&\quad + x\left(a x^2 + a^{-1} x^2 + a^{-2} x + x - 2a - a^{-1}\right) \\
&= a x^3 + a^{-1} x^3 + a^2 x^2 + 2 x^2 + a^{-2} x^2 - a x - a^{-1} x - a^2 - 1 - a^{-2}
\end{aligned}$$

となり，$w(K_8) = 0$ なので

$$\begin{aligned}
F_{K_8}(a,x) = {}& a x^3 + a^{-1} x^3 + a^2 x^2 + 2x^2 + a^{-1} x^2 - a x - a^{-1} x \\
& - a^2 - 1 - a^{-2}
\end{aligned}$$

である．

1.5.4 平行化

これから説明する平行化の方法を使うと，これまで述べてきた結び目の不変量からさらに新しい不変量をつくっていくことができる．結び目の図 K に対し，その r-重平行化 $K^{(r)}$ を，各紐を r-重にするとともに，各交点のところを図 1.62 のように置き換えたものとする．たとえば，三葉結び目の 2 重平行化は図 1.63 のようになる．

命題 2つの結び目の図 K と K' が同値な結び目の図のとき，これらの r-重平行化 $K^{(r)}$ と $K'^{(r)}$ も同値な結び目の図となる．

証明 結び目の図 K を，ライデマイスター変形を使って変形して K' になったとき，$K'^{(r)}$ も，$K^{(r)}$ からライデマイスター変形で得られることを示す．ライデマイスター変形の RII や RIII で変形してから r-重平行化したものは，先に r-重平行化してから何回かこれらの変形をして得られるので，あとはライデマイスター変形の RI について調べればよい．ライデマイスター変形の RI には，正の交点の場合と負の交点の場合の 2 通りあるが，それぞれのところの交点で r-重にするときにひねりを加えてあるので，このひねりが効いて，ライデ

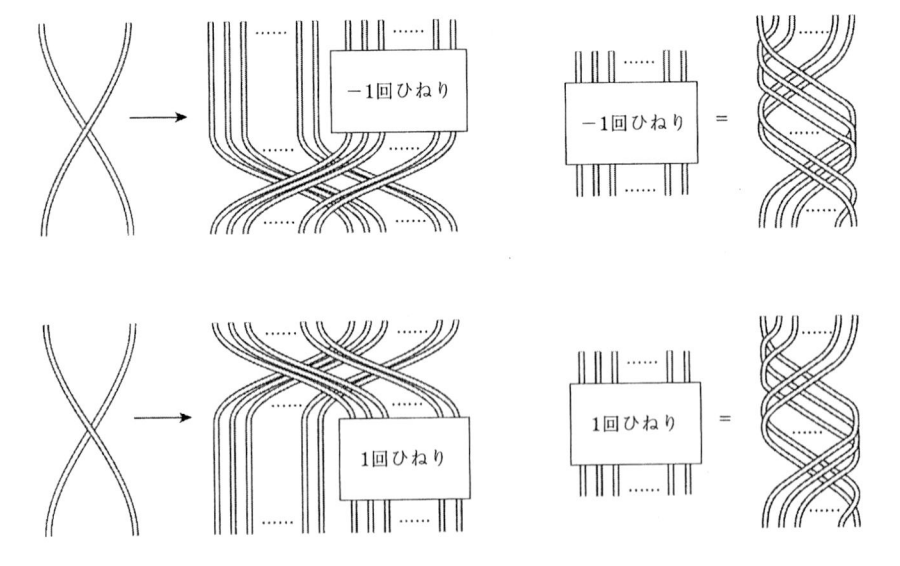

図 1.62 結び目の平行化

1.5 さまざまな多項式不変量

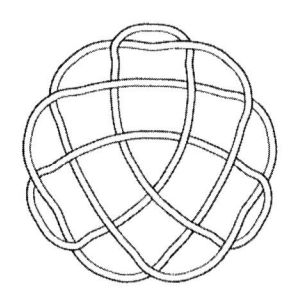

図 1.63 三葉結び目の 2 重平行化

マイスター変形の RI を施した後で平行化したものも図 1.64 のようにほどけるのである．以上のことから，ライデマイスター変形をしてから r-重平行化したものは，先に r-重平行化したものからライデマイスター変形で得られることがわかる． 証明終

結び目の平行化が定義されたので，今度は結び目の不変量の平行化について考えてみよう．f を結び目の不変量とするとき，f の平行化 $f^{(r)}$ を，

$$f^{(r)}(K) = f(K^{(r)})$$

によって定義する．2 つの結び目の図 K と K' が同じ型の結び目を表しているとき，先の命題により，$K^{(r)}$ と $K'^{(r)}$ とは同じ型の結び目となり，$f^{(r)}(K) = f^{(r)}(K')$ となるので，$f^{(r)}$ は結び目の不変量である．

平行化した結び目に対するアレキサンダー多項式は 0 になってしまう．ところが，ジョーンズ多項式やホンフリー多項式，カウフマン多項式からは，平行化により，もとの不変量とは本質的に異なる新しい不変量が得られる．たとえば，ジョーンズ多項式 V では区別できない 2 つの結び目で，2 重平行化 $V^{(2)}$ では区別されるものがある．図 1.65 の 2 つの結び目 $K(8_8)$ と $K(10_{129})$ のジョーンズ多項式 V を計算すると，

$$V(K(8_8)) = V(K(10_{129}))$$
$$= -t^{-3} + 2t^{-2} - 3t^{-1} + 5 - 4t + 4t^2 - 3t^3 + 2t^4 - t^5$$

となり，一致するが，これらの $V^{(2)}$ を計算すると，

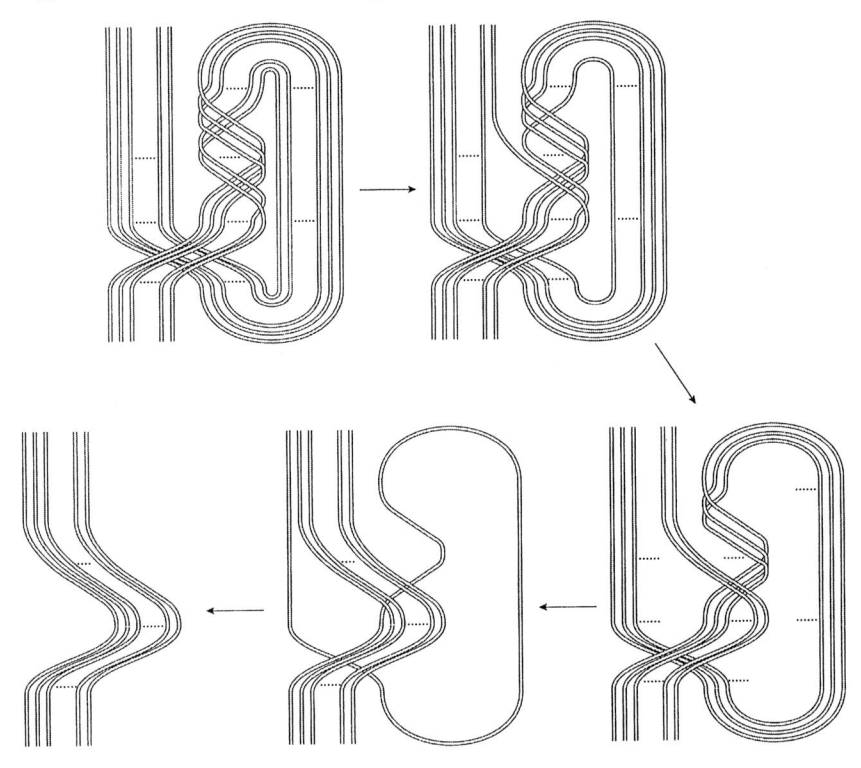

図 1.64 ライデマイスター変形の RI の平行化のほどける様子

$$V^{(2)}(K(8_8)) = -t^{-15/2} + 2t^{-13/2} - t^{-11/2} - t^{-9/2} + 4t^{-7/2}$$
$$- 3t^{-5/2} - 2t^{-3/2} + 5t^{-1/2} - 3t^{1/2} - 2t^{3/2}$$
$$+ 2t^{5/2} - t^{7/2} - 3t^{11/2} + 2t^{13/2} - 3t^{17/2}$$
$$+ 3t^{19/2} + 2t^{21/2} - 4t^{23/2} + 2t^{25/2} + 2t^{27/2}$$
$$- 3t^{29/2} + 2t^{33/2} - t^{35/2}$$

$$V^{(2)}(K(10_{129})) = t^{-17/2} - 2t^{-15/2} + 3^{-11/2} - 2t^{-9/2} - 2t^{-7/2}$$
$$+ 5t^{-5/2} - 2t^{-3/2} - 3t^{-1/2} + t^{1/2} - t^{5/2}$$
$$- 2t^{7/2} + 3t^{9/2} - t^{11/2} - 3t^{13/2} + 3t^{15/2}$$

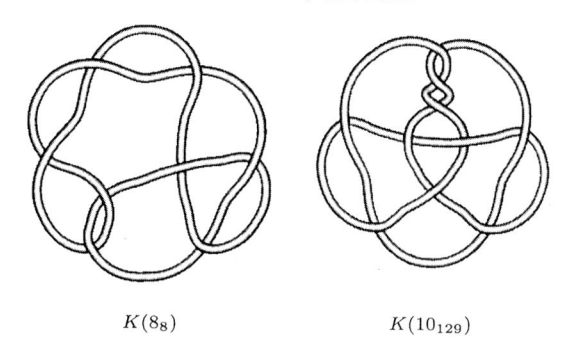

1.5 さまざまな多項式不変量

$K(8_8)$ $K(10_{129})$

図 1.65 ジョーンズ多項式が一致する 2 つの結び目 $K(8_8)$ と $K(10_{129})$

樹下-寺坂結び目   コンウェイ結び目

図 1.66 樹下-寺坂結び目とコンウェイ結び目

$$+ t^{17/2} - 3\, t^{19/2} + t^{21/2} + 3\, t^{23/2} - 2\, t^{25/2}$$
$$- t^{27/2} + 2\, t^{29/2} - t^{31/2}$$

となり，異なる式となる．このことからわかるように，V と $V^{(2)}$ とは，結び目の不変量として本質的に異なるものである．なお，この 2 つの結び目 $K(8_8)$ と $K(10_{129})$ は平行化していないホンフリー多項式やカウフマン多項式も一致する．

さらに，次の図 1.66 の 2 つの結び目について考えてみよう．これらは，コンウェイの 11 交点結び目と樹下-寺坂結び目と呼ばれているものである．この 2 つの結び目は，図 1.66 の中央の部分を，180 度回転した関係にあるため，アレキサンダー多項式が一致してしまう．実際，この 2 つの結び目のアレキサン

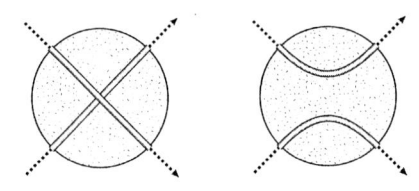

図 1.67　スケイン関係式により帰着させることのできる 2 つの図

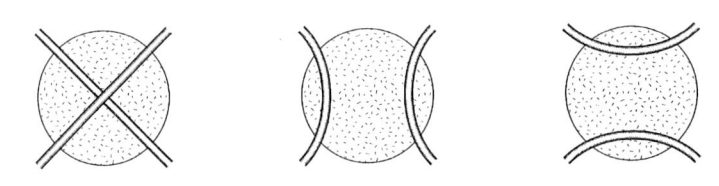

図 1.68　スケイン関係式により帰着させることのできる 3 つの図

ダー多項式はともに 1 となる．このように，4 本の紐が出ている部分を 180 度回転した関係にある 2 つの結び目をミュータントな結び目という．ミュータントな結び目に対し，アレキサンダー多項式ばかりでなく，ジョーンズ多項式やその平行化までも同じ値となり，さらに，ホンフリー多項式やカウフマン多項式も一致し，これらの 2 重平行化も一致し，これらの不変量では区別することができない．ジョーンズ多項式や，アレキサンダー多項式，ホンフリー多項式が，ミュータントな結び目に対し，なぜ一致するかというと，図の中央の部分と外側の部分についてそれぞれにスケイン関係式を適用すると，それぞれの部分が図 1.67 の 2 種類の図の一次結合とすることができ，この 2 つの図が，どちらも 180 度回転で不変な図になっているからである．また，カウフマン多項式についても図 1.68 の 3 つの図の一次結合となり，やはり 180 度回転で不変である．しかし，図 1.66 の 2 つの結び目は，ホンフリー多項式の 3 重平行化を使って，区別することができ，異なる型の結び目であることがわかる．それぞれの結び目を 3 重平行化したもののホンフリー多項式が異なるのである．この計算は大変だが，実際にどのようにするのかは文献 [7] に詳しく解説されている．

このように，平行化のテクニックを用いて，次々と不変量を構成していけるのだが，このことの意味は，量子群との対応を使うと鮮明になる．ジョーンズ

多項式やホンフリー多項式などは，すべて量子群とその既約表現からつくられている．平行化することと，量子群の表現のテンソル積をとることが対応しているのであるが，多くの場合，量子群の既約表現のテンソル積には，もとの既約表現とは異なる既約表現が含まれている．このことから，平行化した不変量にはもとの不変量とは異なる情報が含まれていると考えられるのである．そこで，この本の後半部分では，量子群について簡単に紹介し，不変量との対応について説明しよう．

2

組紐群と結び目

2.1 群

2.1.1 紐と群

これまでに定義した不変量は結び目の図から定義されたもので，このことからもさまざまな性質を調べていくことができるが，もう少しきちんとした構造が入っているほうがより研究しやすくなるので，組紐を用いて不変量の性質を調べてみよう．組紐とは，いくつかの紐を撚って太い紐にしたもので，いろいろな色の紐を組み合わせることで，カラフルな紐ができ，着物の帯を締めるときなどに使われている．組紐は群構造が入るため，代数的に考察することができる．そこで，まず群の定義を復習しておく．ただし，詳しい証明などについては，多くの代数学の教科書に解説されているので，ここでは述べない．

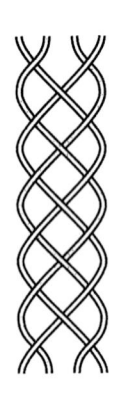

図 2.1 組紐の例

群の定義

集合 G において，積と呼ばれる2項演算，すなわち $G \times G$ から G への写像が定義されていて，次の3つの条件を満たすとき，G を群と呼ぶ．

(1) **結合律** $x, y, z \in G$ に対し，$x(yz) = (xy)z$ が成り立つ．

(2) **単位元の存在** 単位元と呼ばれる特別な元 $1 \in G$ が存在して，任意の $x \in G$ に対し $1x = x1 = x$ が成り立つ．

(3) **逆元の存在** 任意の元 $x \in G$ に対し，逆元と呼ばれる元 x^{-1} が存在して $xx^{-1} = x^{-1}x = 1$ が成り立つ．ここで，1 は上で述べた G の単位元である．

また，G の任意の元 g_1, g_2 に対し，

$$g_1 g_2 = g_2 g_1$$

が成り立つとき，G を**可換群**という．

2.1.2 群の例

実数は和を2項演算とみたとき群となる．この群を実数の**加法群**と呼ぶ．同様に，有理数や，複素数の加法群も定義される．また，整数の全体も和に関して群をなす．実数全体は積を2項演算とみたときは，0 に逆元がないので，群とはならないが，実数全体から 0 を除いた集合は，数としての積を演算とする群となる．この群を実数の**乗法群**と呼ぶ．同様に，有理数や複素数の乗法群も定義される．また，1 と -1 からなる集合も積に関して群となる．これらの数のなす群は，可換群である．さらに，以下で説明する，対称群，組紐群，リー群といった可換でない群もある．

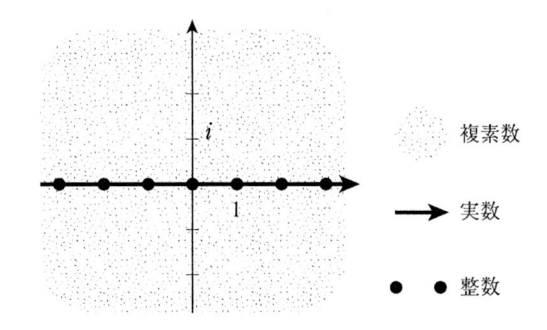

図 2.2 複素数のなす加法群の部分群の例

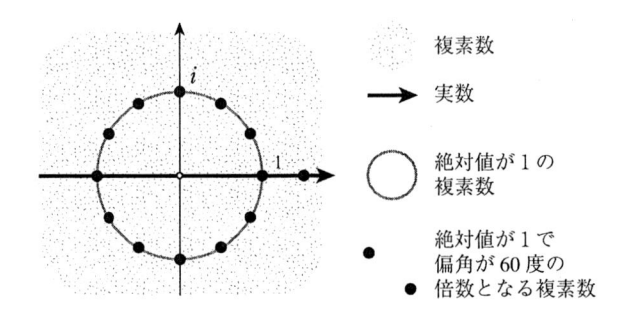

図 2.3 複素数のなす乗法群の部分群の例

2.1.3 部 分 群

群 G の部分集合 H が，G の単位元を含み，H の任意の 2 元の積が H に含まれ，また，H の任意の元の逆元を含むとき，H を G の**部分群**と呼ぶ．実数のなす加法群や，整数が和に関してなす群は，複素数の加法群の部分群である．複素平面を用いて図示すると，図 2.2 のようになる．

また，0 でない実数のなす乗法群は 0 でない複素数のなす乗法群の部分群となる．さらに，絶対値が 1 の複素数全体も乗法に関して群をなす．また，絶対値が 1 で，偏角が 60 度の倍数となる複素数の全体も部分群となる．これらの関係を図示すると，図 2.3 のようになる．

2.1.4 正規部分群と商群

群 G の部分群 H について，任意の G の元 g と H の元 h に対し，

$g^{-1}hg \in H$ となるとき, H を, G の**正規部分群**と呼ぶ. 数のなす群など, 可換群では, 任意の部分群は正規部分群である. H が G の正規部分群のとき, G の H による**商群** G/H が次のように定義される. $g_1 H, g_2 H$ を G/H の2つの元とすると, $g_2^{-1} H g_2 = H$ より,

$$(g_1 H)(g_2 H) = (g_1 g_2) H$$

となるので, この $(g_1 g_2) H$ により積が定義される.

2.1.5 準同型写像

群 G_1 から群 G_2 への写像 f で,

$$f(xy) = f(x) f(y)$$

が成り立つ写像を, 群の**準同型写像**と呼ぶ. f の像 $\mathrm{Im} f$ は G_2 の部分群となる. また, f の核 $\mathrm{Ker} f$, すなわち, f による像が G_2 の単位元となる G_1 の元全体は, G_1 の正規部分群となる. さらに, 次の準同型定理が成り立つ.

群の準同型定理 $\mathrm{Im} f$ と $G_1/\mathrm{Ker} f$ は同型である. すなわち,

$$\mathrm{Im} f \cong G_1/\mathrm{Ker} f$$

2.2 対 称 群

2.2.1 対称群の定義

組紐のなす群について説明する前に, 基本的な有限群である対称群について復習しよう. 1から n までの数を並べてできる順列は全部で n の階乗個ある. 1から n まで順に並んだものを, このような順列に並べ替える操作のことを置換と呼ぶことにする. $I = (i_1, i_2, \cdots, i_n)$ を1つの順列とし, $J = (j_1, j_2, \cdots, j_n)$ をもう1つの順列とする. このとき, I に対応する置換と, J に対応する置換との合成を次のように考える. I に対応する置換は, 1番目の要素を i_1 番目の

要素で置き換え，2番目の要素を i_2 番目の要素で置き換え，以下同様にして，n 番目の要素を i_n で置き換えることと考えると，こう置き換えたものにさらに J に対応する置換を施すと，この2種の置換を合わせた置換は，$1, 2, \cdots, n$ と順に並んだ順列を，まず I に対応する置換で $i_1, i_2, \cdots, i_n$ と並べ替え，さらに J に対応する置換により，$i_{j_1}, i_{j_2}, \cdots, i_{j_n}$ となる．この合成を $J \circ I$ と書くことにすると，この演算は結合律を満たす．また，$I^{-1} = (k_1, k_2, \cdots, k_n)$ を，1 から n に i_1 から i_n を対応させる写像の逆写像に対応する順列，すなわち，$k_{i_1} = 1, 2, \cdots, k_{i_n} = n$ となる順列とすると，I^{-1} に対応する置換が I に対応する置換の逆の置換となるので，1 から n の置換の全体は群となる．このような置換からなる群のことを**置換群**と呼ぶ．また，上で述べたような 1 から n の置換全体からなる群のことを n **次対称群**と呼び，S_n と書く．n 次対称群は，$n \geq 3$ のとき，可換でない群となる．たとえば，S_3 の2つの元 $I = (2\ 1\ 3)$ と $J = (1\ 3\ 2)$ に対し，$J \circ I = (i_{j_1}\ i_{j_2}\ i_{j_3}) = (i_1\ i_3\ i_2) = (2\ 3\ 1)$，$I \circ J = (j_{i_1}\ j_{i_2}\ j_{i_3}) = (j_2\ j_1\ j_3) = (3\ 1\ 2)$ となり，$I \circ J \neq J \circ I$ である．置換を図で表すときは図 2.4 のようにする．上の $1, 2, \cdots$ を下の $i_1, i_2, \cdots$ に対応させるのである．

2.2.2 符号

n 次対称群の元に対し，**符号**と呼ばれる ± 1 への対応があるが，これは n-次対称群から $\{1, -1\}$ の積のなす群への準同型となっている．置換の符号については，行列式の定義に出てくるため，よく知っていることとは思うが，念のため説明しておく．いろいろな定義法があるが，ここでは順列に関する追い越し数を用いよう．$I = (i_1, i_2, \cdots, i_n)$ という順列に対し，$p < q$ でありながら $i_p > i_q$ となるような組 (p, q) の個数を I の**追い越し数**と呼び，これが偶数のとき，符号は 1，奇数のとき符号は -1 とするのである．追い越し数とは，もし，順番に並んでいるとすると，後ろのほうにいるべき人が，何人か追い越してしまって前のほうに来ているとき，このように追い越しをしてしまった人がそれぞれ何人ずつ追い越してきたかという数の総数のことである．この数は，図 2.5 のようにそれぞれの人について前で邪魔している人の数の総和に等しくこの図の場合は，

2.2 対称群

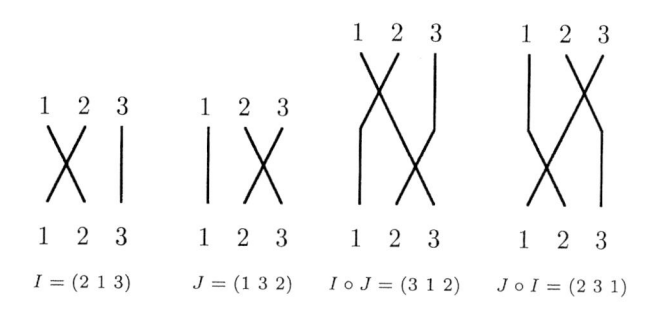

$I = (2\ 1\ 3)$ $J = (1\ 3\ 2)$ $I \circ J = (3\ 1\ 2)$ $J \circ I = (2\ 3\ 1)$

図 2.4 可換でない置換の例

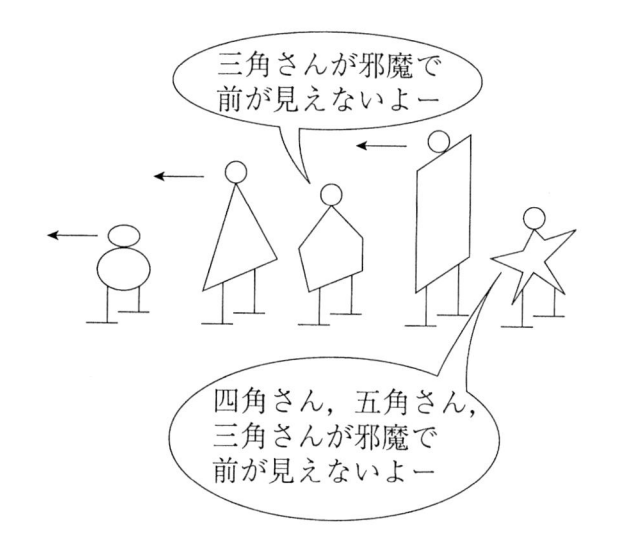

図 2.5 追い越し数の数え方

$$0 + 0 + 1 + 0 + 3 = 4$$

である．

追い越し数を用いて置換の符号を定義すると，置換からその符号への対応が群の準同型写像になることが次のようにしてわかる．2つの順列 I, J に対応する置換について，その合成の符号がそれぞれの符号の積になることをみる．最初は 1 から n まで順に並んでいる順列を I で置換するとき，順に並んだものから，いくつかの元が前の元を追い越していく．この追い越しの総数が I の追

い越し数である．次に J に対応する置換をするときは，また，後ろの元が前の元を追い抜くわけで，その総数が J の追い越し数である．ところが，J に対応する置換では，追い抜きをするときに，大小関係がもとに戻る場合もある．このような場合の総数を k とすると，最終的な追い越し数は I と J の追い越し数の和から k の 2 倍を引いたものとなる．したがって，この奇偶は I と J の追い越し数の和と等しく，最終的な置換の符号が I と J に対応する置換の符号の積になるのである．

2.2.3 生成元と関係式

さて，n 次対称群 S_n の，i と j とを入れ換える置換を表す元を**互換**と呼ぶ．とくに，i と $i+1$ を入れ換える置換を s_i とする．このとき，S_n の任意の元は，$s_1, s_2, \cdots, s_{n-1}$ を何個かずつ使った積で書き表すことができる．このことを，S_n は $s_1, s_2, \cdots, s_{n-1}$ で生成されているという．また，$s_i{}^2 = 1$ である．ここでの 1 は，S_n の単位元，すなわち，恒等置換を表す．また，$|i-j| \geq 2$ のとき，$s_i s_j = s_j s_i$ が成り立ち，$s_i s_{i+1} s_i = s_{i+1} s_i s_{i+1}$ という関係も成り立つ．この最後の関係式は，両辺とも $i, i+1, i+2$ を $i+2, i+1, i$ に置換することから得られる．さらに，$w_1 = s_{i_1} s_{i_2} \cdots$ と $w_2 = s_{j_1} s_{j_2} \cdots$ が同じ置換を表しているときは，上で述べた関係を何回か用いて w_1 から w_2 に変形できることが知られている．以上のことをまとめ，次のように書く．

$$\begin{aligned}
S_n = \langle s_1, s_2, \cdots, s_{n-1} \mid s_i{}^2 &= 1 & (i = 1, 2, \cdots, n-1), \\
s_i s_{i+1} s_i &= s_{i+1} s_i s_{i+1} & (i = 1, 2, \cdots, n-2), \\
s_i s_j &= s_j s_i & (|i-j| \geq 2) \rangle
\end{aligned}$$

これを，対称群 S_n の**生成元と関係式による表示**という．同じ群でも，生成元の取り方を変えれば，違う表示が得られるが，S_n については，ここで述べたものがもっともよく使われている．

2.3 組 紐 群

2.3.1 組紐の定義

まず組紐から定義しよう．空間中に 2 つの水平面を考え，その間を上から下へ何本かの紐で結ぶ．このとき，紐同士がねじれたりしてもよいが，とにかく，どこでも上から下に向かっているものとする．このようなものを**組紐**と呼ぶ．たとえば，図 2.6 の 3 つ編みは，もっともよく見かける組紐であろう．

さて，組紐については，その両端に対応する 2 つの水平面の間で，紐を切らずに変形してできる組紐は本質的に同じものとみなす（図 2.7）．ここで，紐は十分柔らかく，また，いくらでも伸ばしたり縮めたりできるものとする．この

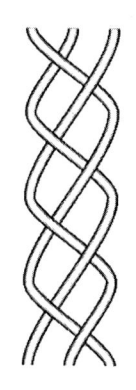

図 2.6 組紐の例：3 つ編み

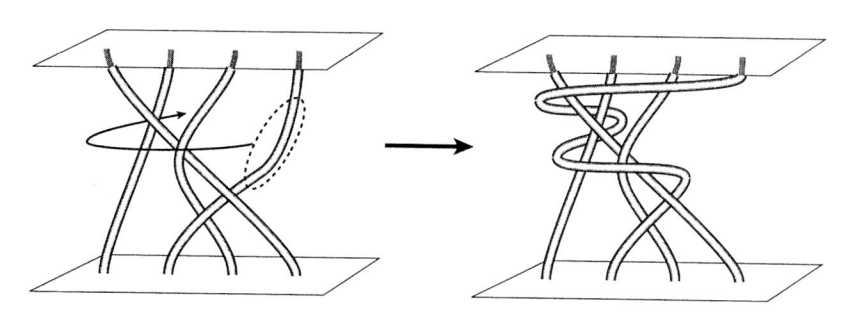

図 2.7 組紐の同値変形

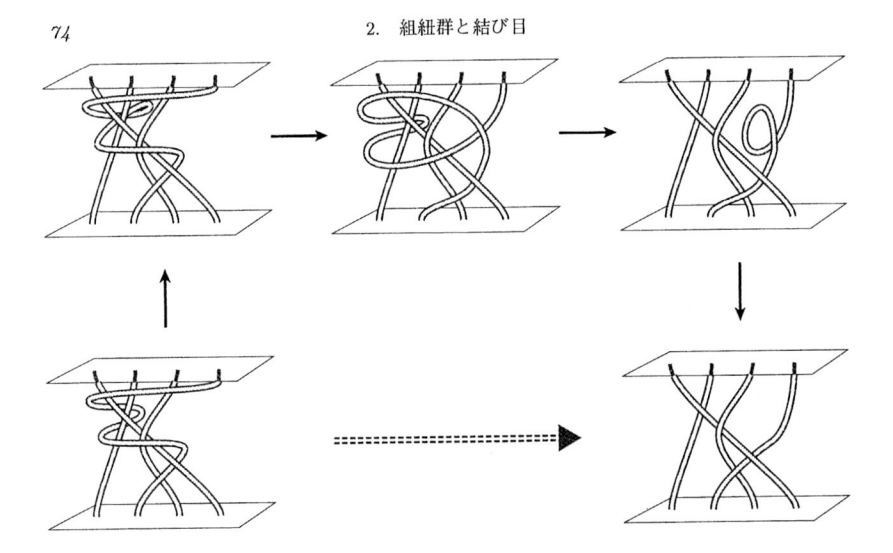

図 2.8 アルティンの定理

とき，次のことが知られている．

> **アルティン（Artin）の定理** 同値な組紐は，一方から他方へ，途中が常に組紐となるようにしながら紐を切ったりせずに変形できる．

この定理は，図 2.8 のように，1 つの組紐からある組紐へ，途中，組紐ではないような段階をへて変形できるときは，途中がすべて組紐の状態で変形できる，ということを示している．詳しくは文献 [1] に解説されている．

2.3.2 群 構 造

さて，組紐に代数構造を入れてみよう．そのために，まず，組紐の端点，つまり，上下の水平面における各紐の端点を決めておく．n を紐の本数としておく．上の水平面中に直線を 1 つとり，その上の等間隔に並んだ n 点を上端点とし，これらとまったく同じようにとった下の水平面中の n 点を下端点とする組紐からなる集合を考えよう（図 2.9）．上端点と下端点を同じようにとったことから，このような組紐が 2 つあったとき，一方の下の面と他方の上の面とを重ねることにより，2 つの組紐をつないで，新しい組紐をつくれる．こうしてできる組紐をもとの 2 つの組紐の積とする．組紐の積は必ずしも可換ではない．た

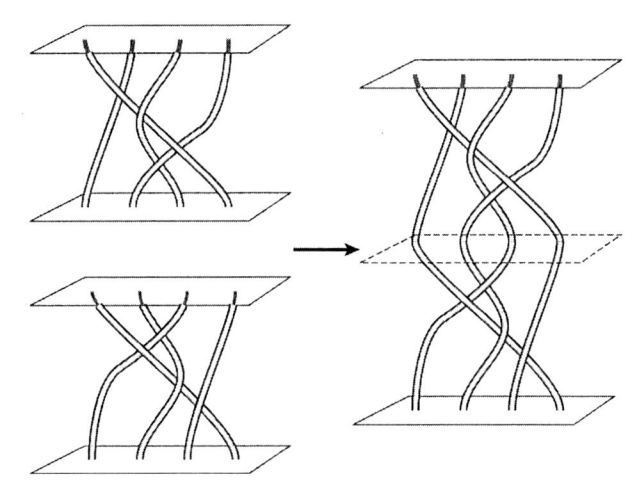

図 2.9 組紐の積

 とえば，図 2.10 のような 2 つの簡単な組紐についても，その積は，上下の並び方によって違ってくる．

 さて，組紐 b_1 と b_1' が同値で，組紐 b_2 と b_2' とが同値なときは，積 $b_1 b_2$ と $b_1' b_2'$ も同値になる．このとき，組紐の同値類の全体は群となることをみてみよう．まず，積に関する結合律が成り立つことをみる．3 つの組紐の積は，括弧がどのように付いていようと，その 3 つを縦に並べたものなので，括弧の付き方にはよらず同じ組紐となり，結合律は成り立っている．単位元は，上の水平面の組紐の端点となるべき n 個の点から，真下に紐を下ろして，下の水平面の端点となるべき n 点に結んでできる，何もねじれたり絡まったりしていない組紐である．この組紐をどの組紐の上，または下に付け加えたとしても付け加える前の組紐と同値になるのである．さらに，ある組紐の逆元は，その組紐を，図のように，上下逆にみてできる組紐である．もとの組紐に，この上下逆にした組紐を上，または下につなぐと，つないだところから順にほどくことができて，結局単位元に対応する組紐と同値であることがわかる．以上のことから，組紐の同値類の全体は群の構造をもつことがわかる．この群のことを**組紐群**と呼び，B_n と書く．n は，組紐で使われる紐の本数を表す自然数である．

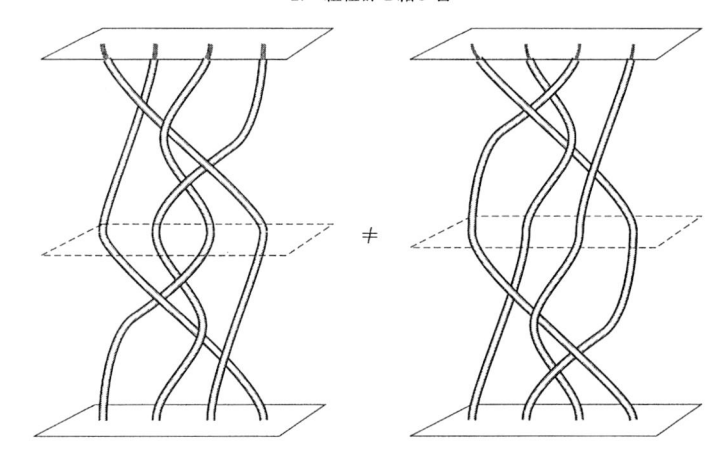

図 2.10 可換でない例

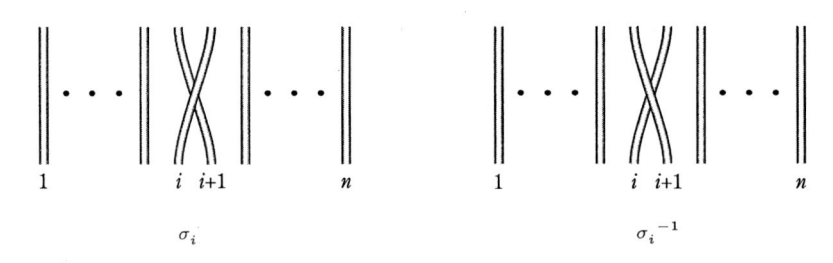

図 2.11 組紐群の生成元 σ_i と σ_i^{-1}

2.3.3 生成元と関係式

n 本の紐からなる組紐群 B_n の元 σ_i を，図 2.11 で表される，i 番目と $i+1$ 目の紐を交差させる元とする．このとき，σ_i の逆元 σ_i^{-1} は σ_i の交差の上下を入れ替えたものとなる．組紐の各紐には上から下に向きが付いているとすると，正の交点が σ_i に対応し，負の交点が σ_i^{-1} に対応する．組紐群の元が 1 つ与えられたとき，その交点を順に正の交点は σ_i で，負の交点は σ_i^{-1} に置き換えていくことにより，B_n が σ_i $(i = 1, 2, \cdots, n-1)$ とその逆元とで生成されていることがわかる．また，図 2.12 のように，

$$\sigma_i \sigma_j = \sigma_j \sigma_i \qquad (|i - j| \geq 2)$$

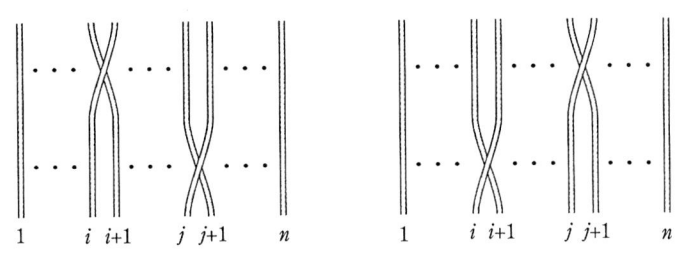

2.3 組紐群

$$\sigma_i \sigma_j = \sigma_j \sigma_i$$

図 2.12 離れた交点に関する関係式

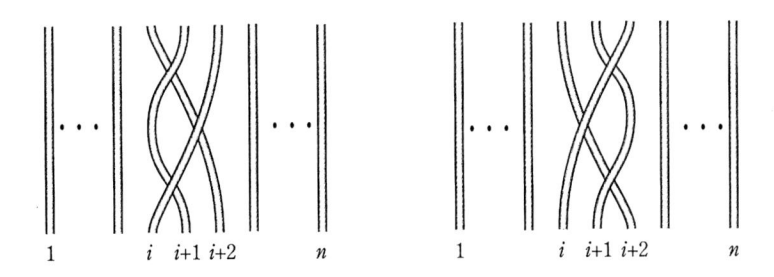

$$\sigma_i \sigma_{i+1} \sigma_i = \sigma_{i+1} \sigma_i \sigma_{i+1}$$

図 2.13 組紐関係式

が成り立ち，さらに，組紐関係式と呼ばれる，図 2.13 で表される次の関係式が成り立つ．

$$\sigma_i \sigma_{i+1} \sigma_i = \sigma_{i+1} \sigma_i \sigma_{i+1}$$

このとき，組紐群 B_n は，σ_i $(i = 1, 2, \cdots, n-1)$ に対して，上で述べた関係式で定義されることが知られている．すなわち，

$$B_n = \bigl\langle \sigma_1, \sigma_2, \cdots, \sigma_{n-1} \mid \sigma_i \sigma_{i+1} \sigma_i = \sigma_{i+1} \sigma_i \sigma_{i+1} \quad (i = 1, 2, \cdots, n-2),$$
$$\sigma_i \sigma_j = \sigma_j \sigma_i \quad (|i-j| \geq 2) \bigr\rangle$$

である．

2.4 組紐からできる結び目

2.4.1 組紐の閉包

結び目は組紐を用いて表すことができる.組紐の上下を図 2.14 のように平行な紐で結ぶと結び目ができる.この操作を組紐を**閉じる**といい,また,こうしてできた結び目をもとの組紐の**閉包**と呼ぶ.このとき,次が知られている.

アレキサンダー(Alexander)の定理 任意の結び目 K に対し,ある組紐 b が存在して,K は b を閉じたものになっている.

2.4.2 マルコフ変形

アレキサンダーの定理を用いて結び目を組紐に置き換えて研究しようとするとき,どのような組紐が同じ結び目を表しているかが問題となる.このことに関して次が知られている.

マルコフ(Markov)の定理 2 つの組紐 $b_1 \in B_{n_1}$ と $b_2 \in B_{n_2}$ を閉じてできる結び目が同値な結び目となる必要十分条件は,b_1 から b_2 へ次の 2 種類の変形を有限回施すことにより得られるということである.

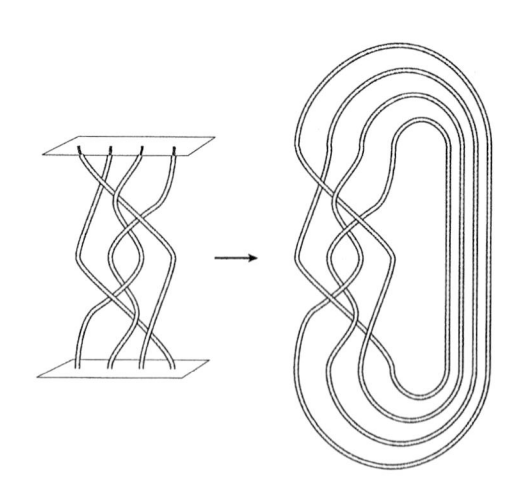

図 2.14 組紐を閉じて得られる結び目

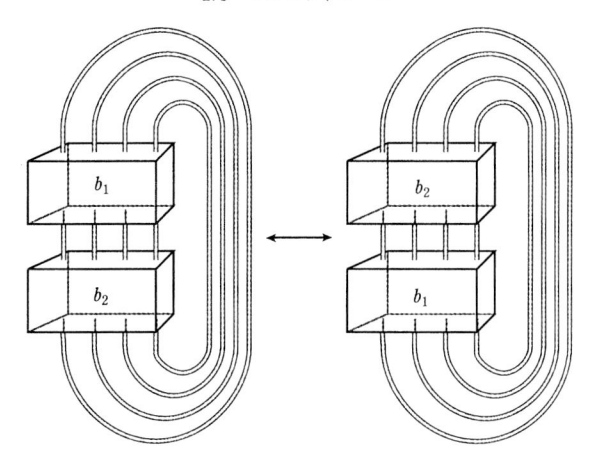

図 2.15 マルコフ変形 (MI)

(MI) $b, b' \in B_n$ に対して, $bb' \longleftrightarrow b'b$
(MII) $b \in B_n$ に対して, $b \longleftrightarrow b\sigma_n^{\pm 1} \in B_{n+1}$

この定理に出てくる2種類の変形は**マルコフ変形**と呼ばれている．図 2.15, 図 2.16 をみれば，これらの変形をしても，閉じてできる結び目が同値なものになることはすぐにわかるであろう．マルコフの定理は，この逆が成り立つことをいっている．証明は簡単ではないが，結び目のライデマイスター変形を，変形過程がすべて組紐になるように丹念に見直すことによりなされる（文献 [1] 参照）．マルコフの定理と先のアレキサンダーの定理とにより，結び目についての研究は，組紐のマルコフ変形で不変な性質についての研究に置き換えられる．そこで，前で説明したジョーンズ多項式などの結び目の不変量を，組紐の観点から見直すとどうなるか説明しよう．

2.5 マルコフトレース

2.5.1 群 環

ジョーンズ多項式などを組紐の立場から見直すにあたり，スケイン関係式などを組紐の関係式として捉える必要がある．スケイン関係式は1次結合を使っ

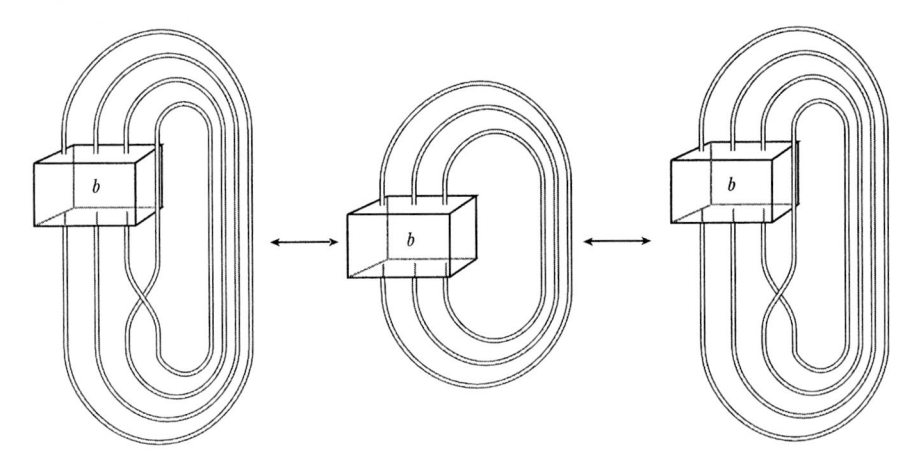

図 2.16 マルコフ変形 (MII)

た関係式なので，組紐群で考えるよりも，その元の形式的な 1 次結合からなる集合を考えるほうが都合がよい．組紐群の元の形式的な線形結合の全体のなす集合は組紐群の**群環**と呼ばれ，CB_n と書かれる．

$$CB_n = \{c_1 b_1 + c_2 b_2 + \cdots (\text{有限和}) \mid c_i \in \boldsymbol{C}, b_i \in B_n\}$$

環という言葉が入っていることからも期待されるように，群環には群の積から決まる積構造が自然に入る．

$$x = \sum_{b \in B_n} c_b b, \quad y = \sum_{b \in B_n} d_b b \quad (c_b, d_b \in \boldsymbol{C})$$

に対して，

$$xy = \sum_{b \in B_n} \left(\sum_{b' \in B_n} c_{b b'^{-1}} d_{b'} \right) b$$

とするのである．このような，線形空間であり，なおかつ積が定義されたもののことを**線形環**と呼ぶ．

群環でも普通の環と同じように，イデアルを定義することができる．ただし，非可換群の群環は積が非可換なので，左イデアル，右イデアル，両側イデアル

が考えられる．CB_n の部分空間 I に対し，I の任意の元に左から CB_n の任意の元を掛けたものが再び I の元となるとき，I を**左イデアル**という．同様に，右からかけたときに再び I の元となるとき，I を**右イデアル**という．そして，I が左かつ右イデアルであるとき，**両側イデアル**という．I が両側イデアルのときは，CB_n を I で割った商空間にも CB_n の積から決まる積構造が定義でき，非可換環となるので，これを CB_n の I による**商環**と呼び，CB_n/I と書く．

2.5.2 ト レ ー ス

f を結び目の不変量とし，組紐 b に対してそれを閉じてできる結び目 $\hat{b}$ の不変量 $f(\hat{b})$ を対応させる写像を $\hat{f}$ とする．さらに CB_n の元 $x = \sum_{b \in B_n} c_b b$ に対し，

$$\hat{f}_n(x) = \sum_{b \in B_n} c_b \hat{f}(b)$$

と $\hat{f}$ を CB_n を定義域とする写像に線形に拡張し，これを f に対応するトレースと呼ぶ．結び目の不変量からつくられるトレースはマルコフ変形で不変なので，**マルコフトレース**と呼ばれている．

ジョーンズ多項式 V ではスケイン関係式が成り立つので $\hat{V}_n$ においては，CB_n の任意の元 x, y に対して次が成り立つ．

$$t\hat{V}_n(x\,\sigma_i\,y) - t^{-1}\hat{V}_n(x\,\sigma_i^{-1}\,y) = -(t^{1/2} - t^{-1/2})\,\hat{V}_n(x\,y)$$

この関係式は，

$$\hat{V}_n(x\,(t\,\sigma_i - t^{-1}\,\sigma_i^{-1} + (t^{1/2} - t^{-1/2}))\,y) = 0$$

と書き直すことができる．CB_n の $t\,\sigma_i - t^{-1}\,\sigma_i^{-1} + (t^{1/2} - t^{-1/2})$ ($i = 1, 2, \cdots$) で生成される両側イデアルを I とする．$\hat{V}_n$ は I の元に対して 0 になるので，$\hat{V}_n$ は，商環 CB_n/I からの写像とみることもできる．この商環を J_n と書き，**ジョーンズ代数**，あるいは**ジョーンズ環**と呼ぶ．

ジョーンズは，作用素環の理論からまったく別のかたちでジョーンズ環を構成した．ジョーンズ環には自然にトレースも定義されていたのであるが，この環に組紐群からの写像があることに注目し，このトレースから結び目の不変量

が定義できることを発見したのである．その後，ジョーンズ多項式が量子群とも関係することが明らかになり，以下では，この量子群との関係について説明していく．そのために，次章では量子群のもとになっているリー群，リー環について簡単に解説しておく．

3

リー群とリー環

3.1 リー群

3.1.1 対　称　性

　ここまでは，ジョーンズ多項式や，その組紐群との関係などについて述べてきた．ところで，n 本の紐からなる組紐は，縦方向が時間軸だと思うと平面上の n 個の点が互いにぶつからないように時間とともに動いていく様子を表したものとも考えることができる．こうすると，結び目のジョーンズ多項式などは，これらの点に関する何らかの構造と関係があるのではないかと期待される．点は点で，空間の位置を表していて，それ以上の構造はないと思っているかもしれないが，実際には，点ごとに，その点での接空間が考えられたりして，点に対して数学的な構造を付加することができる．また，素粒子論では，点が素粒子を表すとすると，その粒子の性質が点に付加されていて，点が構造をもっていると考えている．ジョーンズ多項式などの結び目の不変量を，このような構造に関係する量だとみなせれば，これらの不変量が，結び目の入っている空間の物理的な性質と関係することがわかり，単に結び目の分類に使えるだけでなく，物理的な意味があることもわかるのである．さて，点に付加する構造とは，素粒子の構造のようなものだといったが，幾何的に 3 次元空間の点の構造を考えようとすると，点のまわりの空間の様子を示す何かがあるはずで，たとえばその点を中心とする球状の近傍などが考えられる．そして，球状のものの性質をみるには，その形の対称性に注目するのが大切である．球の対称性を表すものが 3 次の直交群と呼ばれているものであり，点とこの 3 次直交群との組み合わせを，3 次元空間の点の構造とみることができる．このことは，その点での

接空間を考えることと本質的に同じこととなる．いまの例は，粒子の形の対称性に注目した構造であるが，粒子の構造としては，ほかにもさまざまなものが考えられる．たとえば，その粒子は，時間とともに大きくなったり小さくなったりという振動をもっているかもしれないし，また，回転しているかもしれない．実際，量子力学のレベルでは，通常身のまわりではみかけない構造が現れている．

一般に，幾何における対称性を記述するのには，群が使われる．群とは，その対称性を保つ幾何的な変換を集めたものの満たす代数的性質を取り出して定義された代数系である．対称変換は，合成に関して，結合律を満たすし，恒等写像ももちろん対称性を保っているし，また，常に逆写像が存在している．そこで，一般に，積と呼ばれる2項演算が定義された集合 G で，このような性質を満たすものを，群と呼ぶのである（詳しくは前章の群についての説明を参照）．以下では，幾何学的な変換のなす群の例をみていく．

空間の構造を表すのには，その対称性を示すリー群がよく使われる．たとえば，可逆な $n \times n$ 行列からなる一般線形群 $GL(n, \boldsymbol{C})$ や，直交群 $O(n, \boldsymbol{R})$ などである．また，これらのリー群では，行列式が1となるものだけからなる部分集合も部分群となり，$GL(n, \boldsymbol{C})$ のなかの行列式が1の元のなす部分群を特殊線形群 $SL(n, \boldsymbol{C})$ と呼び，$O(n, \boldsymbol{R})$ のなかの行列式が1の元のなす部分群を特殊直交群 $SO(n, \boldsymbol{R})$ と呼ぶ．また，実数上の一般線形群や特殊線形群 $GL(n, \boldsymbol{R})$，$SL(n, \boldsymbol{R})$ もある．$GL(n, \boldsymbol{R})$, $SL(n, \boldsymbol{R})$, $O(n, \boldsymbol{R})$, $SL(n, \boldsymbol{C})$ は，n-次元ベクトル空間 $\boldsymbol{R}^n$ に自然に作用する．一般線形群の部分群となっている例ばかりをあげたが，これらはすべて原点を動かさない．平面や空間の合同変換の群には原点を動かす元もあるのだが，この群は直交群と平行移動からなる群を合わせた群となっており，あとで述べる半直積の構造をもっている．

3.1.2 直交群とユニタリ群の定義

$\boldsymbol{R}^n$ に普通の内積 $\langle\,,\,\rangle$ を考える．

$$x = \begin{pmatrix} x_1 \\ x_2 \\ \vdots \\ x_n \end{pmatrix}, \, y = \begin{pmatrix} y_1 \\ y_2 \\ \vdots \\ y_n \end{pmatrix} \in \mathbf{R}^n \quad \text{に対し} \quad \langle x, y \rangle = x_1 y_1 + x_2 y_2 + \cdots + x_n y_n$$

このとき，**直交群** $O(n, \mathbf{R})$ はこの内積を保つ $GL(n, \mathbf{R})$ の部分群として次で定義される．

$$O(n, \mathbf{R}) = \{g \in GL(n, \mathbf{R}) \mid 任意の \, x, y \in \mathbf{R}^n \, に対して \, \langle g\,x, g\,y \rangle = \langle x, y \rangle\}$$

x, y といった縦ベクトルをそのまま $n \times 1$-行列とみると，x の転置行列 ${}^t x$ は $1 \times n$-行列とみなせ，内積を行列の積を用いて

$$\langle x, y \rangle = {}^t x \, y$$

と書ける．直交行列になるための条件をこれを用いて書き直してみると，

$$\langle g\,x, g\,y \rangle = {}^t(g\,x)(g\,y) = {}^t x \, g^t \, g \, y = {}^t x \, y$$

となる．さて，ここで $e_1, e_2, \cdots, e_n$ を $\mathbf{R}^n$ の標準基底，すなわち，e_i は第 i 成分だけが 1 で他の成分は 0 であるようなベクトルとすると，$A \in M_n(\mathbf{R})$ に対し

$${}^t e_i \, A \, e_j = A_{ij}$$

すなわち，A の第 (i,j)-成分が出てくる．このことより，上の式で，$x = e_i$, $y = e_j$ とおくと，

$${}^t e_i \, {}^t g \, g \, e_j = {}^t e_i \, I \, e_j$$

となる．ただし，I は $n \times n$ の単位行列である．これは，$g^t g$ の各成分が単位行列の各成分とそれぞれ等しくなることを表しており，

$${}^t g \, g = I$$

となる．これが，$GL(n, \mathbf{R})$ の元 g が $O(n, \mathbf{R})$ に入るための必要十分条件なのであるが，この式は，g の列ベクトルが互いに直交し，また，長さは 1 であ

ることをいっている．

複素数体上でもエルミート内積を用いて直交群にあたる群を定義することができ，**ユニタリ群**と呼ばれている．C^n に，次のようなエルミート内積 $\langle\,,\,\rangle$ を考える．

$$x = \begin{pmatrix} x_1 \\ x_2 \\ \vdots \\ x_n \end{pmatrix},\ y = \begin{pmatrix} y_1 \\ y_2 \\ \vdots \\ y_n \end{pmatrix} \in C^n\ \text{に対し}\quad \langle x, y\rangle = x_1\bar{y}_1 + x_2\bar{y}_2 + \cdots + x_n\bar{y}_n$$

ここで，$\bar{y}_i$ は y_i の複素共役を表している．このとき，ユニタリ群 $U(n, C)$ は，この内積を保つ $GL(n, C)$ の部分群として次のように定義される．

$$U(n, C) = \{g \in GL(n, C) \mid \text{任意の } x, y \in C^n \text{ に対して } \langle gx, gy\rangle = \langle x, y\rangle\}$$

これを，直交群のときと同様に見直すことにより

$${}^t\bar{g}\,g = I$$

という条件になる．ここで，$\bar{g}$ は g の各要素を複素共役した行列である．これが，$g \in GL(n, C)$ の $U(n, C)$ に入るための必要十分条件なのであるが，この式は，g の列ベクトルが，互いにエルミート内積に関して直交し，また，長さは 1 になることをいっている．

ユニタリ行列のうち，行列式が 1 になるものからなる部分群を $SU(n, C)$ と書き，**特殊ユニタリ群**と呼ぶ．

3.1.3　1 次元空間に作用する群

もっとも簡単なリー群といえば，上で述べたもので $n = 1$ としたものである．$GL(1, R)$ は 0 以外の実数なす乗法群となり，$GL(1, C)$ は 0 以外の複素数のなす乗法群となる．また，$O(1, R)$ は ± 1 のなす乗法群の部分群となり，$U(1, C)$ は絶対値が 1 の複素数のなす乗法群となる．また，$SL(1, R)$，$SL(1, C)$，$SO(1, R)$，$SU(1, C)$ は，1 つの元 1 のみからなる群となる．これらは数の乗法群の部分群であり，リー群の考え方を知らなくても扱えるものである．

3.1.4　2次元空間に作用する群

今度は $n=2$ としてみよう．$GL(2, \boldsymbol{C})$ や $GL(2, \boldsymbol{R})$ は，それぞれ複素数あるいは実数を成分とする 2×2 可逆行列のなす群であり，$SL(2, \boldsymbol{C})$ や $SL(2, \boldsymbol{R})$ は，それらの元のうち，行列式 1 のものからなる部分群である．

$O(2, \boldsymbol{R})$ は，内積を保つ変換であることから，2次元平面の原点を保つ合同変換のなす群となることがわかる．そもそも，平面上の合同変換は，平行移動，回転，およびある直線に関する折り返しという 3 種類の変換を何回か施したものとなるが，$O(2, \boldsymbol{R})$ に対応する変換は原点を保つので，原点を中心とする回転か，または原点を通る直線に関する折り返しとなることがわかる．原点を中心とする角 θ の回転は，行列で表すと，

$$\begin{pmatrix} \cos\theta & -\sin\theta \\ \sin\theta & \cos\theta \end{pmatrix}$$

となる．また，x 軸とのなす角が θ の原点を通る直線

$$\frac{x}{\cos\theta} = \frac{y}{\sin\theta}$$

に関する折り返しは，この直線の法線ベクトル $\boldsymbol{n}$ が $\boldsymbol{n} = (-\sin\theta, \cos\theta)$ となることより，位置ベクトルが $\boldsymbol{p} = \begin{pmatrix} x \\ y \end{pmatrix}$ で与えられる点を

$$\boldsymbol{p} - 2\langle \boldsymbol{p}, \boldsymbol{n}\rangle\, \boldsymbol{n} = \begin{pmatrix} x + 2(-x\sin\theta + y\cos\theta)\sin\theta \\ y - 2(-x\sin\theta + y\cos\theta)\cos\theta \end{pmatrix}$$

にうつす．よって，対応する行列は，

$$\begin{pmatrix} 1 - 2\sin^2\theta & 2\cos\theta\sin\theta \\ 2\sin\theta\cos\theta & 1 - 2\cos^2\theta \end{pmatrix} = \begin{pmatrix} \cos 2\theta & \sin 2\theta \\ \sin 2\theta & -\cos 2\theta \end{pmatrix}$$

となる．これは，まず，x 軸に関する折り返し

$$\begin{pmatrix} 1 & 0 \\ 0 & -1 \end{pmatrix}$$

をしてから，角 2θ の回転をすることと同じことであり，

$$\begin{pmatrix} \cos 2\theta & \sin 2\theta \\ \sin 2\theta & -\cos 2\theta \end{pmatrix} = \begin{pmatrix} \cos 2\theta & -\sin 2\theta \\ \sin 2\theta & \cos 2\theta \end{pmatrix} \begin{pmatrix} 1 & 0 \\ 0 & -1 \end{pmatrix}$$

となる．よって，$O(2, \boldsymbol{R})$ は

$$O(2, \boldsymbol{R}) = \left\{ \begin{pmatrix} \cos\theta & -\sin\theta \\ \sin\theta & \cos\theta \end{pmatrix}, \begin{pmatrix} \cos\theta & -\sin\theta \\ \sin\theta & \cos\theta \end{pmatrix} \begin{pmatrix} 1 & 0 \\ 0 & -1 \end{pmatrix} \middle| 0 \le \theta < 2\pi \right\}$$

となる．

特殊直交群 $SO(2, \boldsymbol{R})$ は $O(2, \boldsymbol{R})$ の元で行列式が 1 のものからなる部分群なので，

$$SO(n, \boldsymbol{R}) = \left\{ \begin{pmatrix} \cos\theta & -\sin\theta \\ \sin\theta & \cos\theta \end{pmatrix} \middle| 0 \le \theta < 2\pi \right\}$$

となる．これは平面の原点を中心とする回転のなす群である．この群は，実数全体 $\boldsymbol{R}$ が加法に関してなす群を，そのうちの整数のなす部分群 $\boldsymbol{Z}$ で割って得られる剰余群と同型であり，また，回転角 θ を複素数の偏角とみなすと，絶対値 1 の複素数全体が乗法に関してなす群と同型になる．したがって，$SO(2, \boldsymbol{R})$ の性質は，数のなす群の性質から得られる．

それでは，$O(2, \boldsymbol{R})$ はどうであろうか．$SO(2, \boldsymbol{R})$ は $O(2, \boldsymbol{R})$ の指数 2 の部分群であり，$O(2, \boldsymbol{R})/SO(2, \boldsymbol{R})$ の代表系は

$$\left\{ \begin{pmatrix} 1 & 0 \\ 0 & 1 \end{pmatrix}, \begin{pmatrix} 1 & 0 \\ 0 & -1 \end{pmatrix} \right\}$$

である．そして，$O(2, \boldsymbol{R})$ の元 g がどちらの剰余類に入るかは，g の行列式の値 (1 か -1) によって決まる．ちなみに，行列式をとるという写像

$$\det : O(2, \boldsymbol{R}) \to \{1, -1\}$$

は，$O(2, \boldsymbol{R})$ から $\{1, -1\}$ のなす乗法群への群準同型となる．この写像の核（カーネル）が $SO(2, \boldsymbol{R})$ なので，$SO(2, \boldsymbol{R})$ は $O(2, \boldsymbol{R})$ の正規部分群であり，

$$O(2, \boldsymbol{R})/SO(2, \boldsymbol{R}) \cong \boldsymbol{Z}/2\boldsymbol{Z} \quad (\text{位数 2 の巡回群})$$

である．$O(2, \boldsymbol{R})$ は，集合としては，直積 $SO(2, \boldsymbol{R}) \times \boldsymbol{Z}/2\boldsymbol{Z}$ と同型であり，こ

の集合に次のように積を定義したものと同型になっている．$Z/2Z$ の代表元を $\{0,1\}$ とし，組 (g_1,ε_1), (g_2,ε_2) を $SO(2,\boldsymbol{R})\times Z/2Z$ の2つの元とする．このとき

$$(g_1,\varepsilon_1)(g_2,\varepsilon_2) = \begin{cases} (g_1 g_2,\ \varepsilon_2) & (\varepsilon_1=0) \\ (g_1 g_2^{-1},\ \varepsilon_1+\varepsilon_2 \mod 2) & (\varepsilon_1=1) \end{cases}$$

で積を定義する．この積は，$SO(2,\boldsymbol{R})\times Z/2Z$ の直積群としての積とは異なる演算であるが，この演算によっても集合 $SO(2,\boldsymbol{R})\times Z/2Z$ は群となる．

3.1.5 半直積

一般に，群 G と，群 G に作用する群 H があるとき，この作用によって決まる積を直積 $G\times H$ に定義することができ，このようにしてできた群を G と H の半直積と呼ぶ．H の G への作用とは，写像

$$G\times H \ni (g,h) \mapsto h\cdot g \in G$$

で，h を1つ決めるごとに $g\mapsto h\cdot g$ は G から G への準同型写像となり，h に関しては結合律を満たし，また，H の単位元の作用は G 上の恒等写像となるもののことである．この条件から，たとえば，h^{-1} の作用が h の作用の逆行列になることなど，群に関して期待される性質が導かれる．上の作用の条件は，G から G への同型写像の全体がなす群（自己同型群と呼ばれ，$\mathrm{Aut}(G)$ と書かれる）を使うと，H から $\mathrm{Aut}(G)$ への準同型写像を与えていることと本質的に同じことである．このとき，この作用から決まる $G\times H$ の積構造は次で与えられる．(g_1,h_1), (g_2,h_2) を $G\times H$ の2つの元とする．このとき，

$$(g_1,h_1)(g_2,h_2) = (g_1(h_1\cdot g_2), h_1 h_2)$$

とする．

命題 上式で定義された積は，$G\times H$ に群構造を定める．

証明 まず，結合律の成り立つことは次のようにして示される．

$$(g_1, h_1)\left((g_2, h_2)(g_3, h_3)\right) = (g_1, h_1)\left(g_2\left(h_2 \cdot g_3\right), h_2 h_3\right)$$
$$= \left(g_1\left(h_1 \cdot \left(g_2\left(h_2 \cdot g_3\right)\right)\right), h_1 h_2 h_3\right)$$
$$= \left(g_1\left(h_1 \cdot g_2\right)\left(h_1 \cdot \left(h_2 \cdot g_3\right)\right), h_1 h_2 h_3\right)$$

ここで,H の G への作用の条件から,任意の $h \in H$ と $g, g' \in G$ に対し,

$$h \cdot (g\, g') = (h \cdot g)(h \cdot g')$$

が成り立つことを使った.一方,

$$((g_1, h_1)(g_2, h_2))(g_3, h_3) = (g_1(h_1 \cdot g_2), h_1 h_2)(g_3, h_3)$$
$$= (g_1(h_1 \cdot g_2)((h_1 h_2) \cdot g_3), h_1 h_2 h_3)$$
$$= (g_1(h_1 \cdot g_2)(h_1 \cdot (h_2 \cdot g_3)), h_1 h_2 h_3)$$

となり,

$$(g_1, h_1)((g_2, h_2)(g_3, h_3)) = ((g_1, h_1)(g_2, h_2))(g_3, h_3)$$

となる.

また,単位元は,$(1,1)$ である.2つの 1 はそれぞれ G と H の単位元を表している.

最後に,任意の元に逆元が存在することを示そう.$(g, h) \in G \times H$ に対し,$(h^{-1} \cdot g^{-1}, h^{-1})$ という元をとると,

$$(g, h)(h^{-1} \cdot g^{-1}, h^{-1}) = (g(h \cdot (h^{-1} \cdot g^{-1})), 1)$$
$$= (g(h\, h^{-1}) \cdot g^{-1}, 1)$$
$$= (g(1 \cdot g^{-1}), 1)$$
$$= (g\, g^{-1}, 1)$$
$$= (1, 1)$$

よって,(g, h) の逆元は $(h^{-1} \cdot g^{-1},\ h^{-1})$ で,常に存在する.　　　　証明終

このように,H の G への作用を用いて定義された積による群構造の入った

$G \times H$ は，直積群と区別するために，

$$G \rtimes H$$

と書き，G と H の**半直積**と呼ばれる．H の作用が自明な作用のとき，つまり，どの H の元も G 上の恒等写像として作用するとき，この半直積は，直積と等しくなる．

3.1.6 $O(2, \mathbf{R})$ の構造

半直積の考え方で $O(2, \mathbf{R})$ を捉えることができる．上の半直積の説明で $G = SO(2, \mathbf{R}), H = \mathbf{Z}/2\mathbf{Z}$ とし，$\mathbf{Z}/2\mathbf{Z}$ の G への作用を，任意の $g \in G$ に対し

$$0 \cdot g = g, \quad 1 \cdot g = g^{-1}$$

とする．G は可換群，すなわち任意の $g, g' \in G$ に対し $gg' = g'g$ が成り立つ群なので，上式は $\mathbf{Z}/2\mathbf{Z}$ の $SO(2, \mathbf{R})$ への作用を定める．一般には，群の元に対しその逆元を対応させる写像は，積の順序が逆になってしまい，群準同型とはならないのであるが，可換群の場合には準同型となる．そして，$SO(2, \mathbf{R})$ の元を回転行列とし，$\mathbf{Z}/2\mathbf{Z}$ の元 $0, 1$ にはそれぞれ行列

$$\begin{pmatrix} 1 & 0 \\ 0 & 1 \end{pmatrix}, \quad \begin{pmatrix} 1 & 0 \\ 0 & -1 \end{pmatrix}$$

を対応させると，前にみたように，$SO(2, \mathbf{R}) \times \mathbf{Z}/2\mathbf{Z}$ から $O(2, \mathbf{R})$ への写像が定義されるが，これが，$\mathbf{Z}/2\mathbf{Z}$ の上に述べた作用から決まる半直積 $SO(2, \mathbf{R}) \rtimes \mathbf{Z}/2\mathbf{Z}$ から $O(2, \mathbf{R})$ への同型写像となる．

以上のようにして，$O(2, \mathbf{R})$ は，$SO(2, \mathbf{R})$ を，その上への $\mathbf{Z}/2\mathbf{Z}$ の作用を用いて拡大したものとみなせるのである．このことは，$SO(2, \mathbf{R})$ と絶対値 1 の複素数のなす乗法群との同型を使って考えると，$\mathbf{Z}/2\mathbf{Z}$ の作用は，複素数としては，複素共役の作用と対応しており，$O(2, \mathbf{R})$ は，絶対値 1 の複素数のなす乗法群を，複素共役を用いて拡大したものと考えることもできる．この意味で，$O(2, \mathbf{R})$ は，可換群ではないものの，可換群に近い群と考えられる．

3.1.7 2面体群

さて，$SO(2, \mathbf{R})$ の有限部分群は，ある正の整数 k に対し，回転角が $2\pi/k$ の倍数となる回転からなる．この部分群を H_k とする．H_k は位数 k の巡回群に同型である．このことを用いて $O(2, \mathbf{R})$ の有限部分群を求めてみよう．G を $O(2, \mathbf{R})$ の有限部分群としよう．このとき，$G \cap SO(2, \mathbf{R})$ は $SO(2, \mathbf{R})$ の有限部分群なので，ある k があって，

$$G \cap SO(2, \mathbf{R}) = H_k$$

となる．また，自然な射影

$$G \to G/(G \cap SO(2, \mathbf{R})) \subset O(2, \mathbf{R})/SO(2, \mathbf{R}) \cong \mathbf{Z}/2\mathbf{Z}$$

より，

$$G/(G \cap SO(2, \mathbf{R})) = G/H_k = \begin{cases} \{0\} \subset \mathbf{Z}/2\mathbf{Z} \\ \\ \mathbf{Z}/2\mathbf{Z} \end{cases}$$

となるが，最初の場合は，$G = H_k$ となり，2番目の場合は，G は H_k を $\mathbf{Z}/2\mathbf{Z}$ の作用で拡大したものとなっている．この後者の場合は，G は **2面体群**と呼ばれ，D_k と書く．H_k と D_k はどちらも正 k 角形と関係する．H_k は正 k 角形を回転してもとの正 k 角形に重ねる変換に対応するのに対し，D_k は，回転だけでなく，折り返しも用いてもとの正 k 角形に重ねる変換すべてを含む群となる．

3.1.8 $U(2, \mathbf{C})$, $SU(2, \mathbf{C})$ の構造

ここまで，直交群に関していろいろとみてきたが，今度はエルミート内積に関するユニタリ群についてみてみよう．$V = \mathbf{C}^2$ とし，その上のエルミート内積を保つ $GL(2, \mathbf{C})$ の部分群を $U(2, \mathbf{C})$ と書き，ユニタリ群と呼ぶ．また，ユニタリ群の元のことをユニタリ行列と呼ぶ．直交群のときと同様にして，任意のユニタリ行列 g は次の条件を満たすことがわかる．g の 2 つの列ベクトルを $\mathbf{g}_1, \mathbf{g}_2$ とすると，

$$\langle \boldsymbol{g}_1, \boldsymbol{g}_1\rangle = \langle \boldsymbol{g}_2, \boldsymbol{g}_2\rangle = 1, \quad \langle \boldsymbol{g}_1, \boldsymbol{g}_2\rangle = 0$$

を満たすのである．そこで，

$$\boldsymbol{g}_1 = \begin{pmatrix} u \\ v \end{pmatrix}$$

とおくと，

$$|u|^2 + |v|^2 = 1$$

となる．また，$\boldsymbol{g}_1$ と $\boldsymbol{g}_2$ とが直交することより，$\boldsymbol{g}_2$ は $\begin{pmatrix} -\bar{v} \\ \bar{u} \end{pmatrix}$ のスカラー倍となる．さらに，$\boldsymbol{g}_2$ のノルムが1であることより，このスカラー倍のスカラーは絶対値が1の複素数でなければならない．よって，g は次のような行列になる．

$$g = \begin{pmatrix} u & -k\bar{v} \\ v & k\bar{u} \end{pmatrix}$$

ここで，u と v は複素数で $|u|^2 + |v|^2 = 1$ を満たし，$\bar{u}, \bar{v}$ はこれらの複素共役，さらに，k は，絶対値1の複素数である．

さて，今度は $SU(2, \boldsymbol{C})$ について調べてみよう．$SU(2, \boldsymbol{C})$ は，$U(2, \boldsymbol{C})$ のうち，行列式が1となるものからなる部分群である．

$$\det : U(2, \boldsymbol{C}) \to \boldsymbol{C}$$

は群準同型写像であり，

$$\det\left(\begin{pmatrix} u & -k\bar{v} \\ v & k\bar{u} \end{pmatrix}\right) = k$$

となる．この準同型の核が $SU(2, \boldsymbol{C})$ なので，

$$SU(2, \boldsymbol{C}) = \left\{ \begin{pmatrix} u & -\bar{v} \\ v & \bar{u} \end{pmatrix} \;\middle|\; |u|^2 + |v|^2 = 1 \right\}$$

となる．$u = u_1 + u_2\sqrt{-1}, v = v_1 + v_2\sqrt{-1}$ $(u_1, u_2, v_1, v_2 \in \boldsymbol{R})$ とおくと，$|u|^2 + |v|^2 = 1$ という条件は，

$$u_1{}^2 + u_2{}^2 + v_1{}^2 + v_2{}^2 = 1$$

となり，4次元ユークリッド空間 $\boldsymbol{R}^4$ 中の原点中心の半径1の（超）球面（3次元の広がりをもつもの）と対応している．この $\boldsymbol{R}^4$ 中の3次元球面を S^3 と書く．

$$S^3 = \{(u_1, u_2, v_1, v_2) \in \boldsymbol{R}^4 \mid u_1{}^2 + u_2{}^2 + v_1{}^2 + v_2{}^2 = 1\}$$

$SU(2, \boldsymbol{C})$ は，$SU(2, \boldsymbol{C})$ 自身に，左からの乗法で作用しているので，$SO(4, \boldsymbol{R})$ の部分群と考えることができる．

3.1.9 $SU(2, \boldsymbol{C})$ と $SO(3, \boldsymbol{R})$ との対応

$SU(2, \boldsymbol{C})$ から $SO(3, \boldsymbol{R})$ への全射準同型 f で，

$$\mathrm{Ker} f = \left\{ \begin{pmatrix} 1 & 0 \\ 0 & 1 \end{pmatrix}, \begin{pmatrix} -1 & 0 \\ 0 & -1 \end{pmatrix} \right\}$$

となるものが存在する．この f を具体的に構成してみよう．まず，$SU(2, \boldsymbol{C})$ を共役により 2×2 行列のなす線形空間 $M_2(\boldsymbol{C})$ に作用させる．具体的には，$g \in SU(2, \boldsymbol{C}), x \in M_2(\boldsymbol{C})$ に対し，

$$g \cdot x = g\, x\, g^{-1} \in M_2(\boldsymbol{C})$$

とする．これにより，$\boldsymbol{C}$ 上4次元，$\boldsymbol{R}$ 上8次元の線形表現が定義される．

$M_2(\boldsymbol{C})$ の3つの元 e_1, e_2, e_3 を次で定める．

$$e_1 = \begin{pmatrix} \sqrt{-1} & 0 \\ 0 & -\sqrt{-1} \end{pmatrix}, \quad e_2 = \begin{pmatrix} 0 & 1 \\ -1 & 0 \end{pmatrix}, \quad e_3 = \begin{pmatrix} 0 & \sqrt{-1} \\ \sqrt{-1} & 0 \end{pmatrix}$$

そして，e_1, e_2, e_3 で生成される W の3次元の部分空間を W_3 とする．

命題 W_3 は $SU(2, \boldsymbol{C})$ の作用で不変な W の部分空間である．

問題 $SU(2, \boldsymbol{C})$ の元 $g = \begin{pmatrix} u & -\bar{v} \\ v & \bar{u} \end{pmatrix}$ $(u, v \in \boldsymbol{C}, |u|^2 + |u|^2 = 1)$ の e_1, e_2, e_3 への作用を調べて，この命題を証明せよ．

さらに, W_3 の部分集合 S を

$$S = \{a\,e_1 + b\,e_2 + c\,e_3 \in W_3 \mid a^2 + b^2 + c^2 = 1\}$$

とする. このとき, 次が成り立つ.

命題 S は $SU(2, \boldsymbol{C})$ の作用で不変である.

問題 W_3 への作用からこの命題を証明せよ.

以上のことから, $g \in SU(2, \boldsymbol{C})$ の W_3 への作用から $f(g) \in O(3, \boldsymbol{R})$ が定義される. さらに調べてみると, $f(g)$ の行列式が 1 となることがわかり, また Ker$f$ も求めることができ, f が全射であることがわかる (詳しくは自分で調べてみよう). よって $SU(2, \boldsymbol{C})$ から $SO(3, \boldsymbol{R})$ への準同型写像 f が構成された.

3.1.10　一般線形群 $GL(2, \boldsymbol{C})$

これまで考えてきた $n = 2$ の場合のさまざまなリー群のうち, 一番大きいのは $GL(2, \boldsymbol{C})$ である. また, $SL(2, \boldsymbol{C})$ は $GL(2, \boldsymbol{C})$ の元で行列式が 1 になるものからなる部分群である. 群のすべての元と可換になるその群の最大の部分群のことを**中心**と呼ぶが, $GL(2, \boldsymbol{C})$ の中心は, スカラー行列全体のなす部分群となる. $SL(2, \boldsymbol{C})$ の中心は, やはり, スカラー行列からなるが, $SL(2, \boldsymbol{C})$ に含まれるスカラー行列は

$$\begin{pmatrix} 1 & 0 \\ 0 & 1 \end{pmatrix}, \begin{pmatrix} -1 & 0 \\ 0 & -1 \end{pmatrix}$$

の 2 つだけなので, 中心はこの 2 元からなり $\boldsymbol{Z}/2\boldsymbol{Z}$ と同型な群となる.

3.1.11　合同変換群, アフィン変換群

原点を動かす変換を含む群についても考えてみよう. まず, ユークリッド空間 $\boldsymbol{R}^n$ の合同変換群についてみる. どのような合同変換も, 平行移動と原点を保つ合同変換との合成で表される. f を合同変換とし, $\boldsymbol{v} = f(\boldsymbol{0})$ とする. $\boldsymbol{0}$ は原点のことである. $T_{\boldsymbol{v}}$ をベクトル $\boldsymbol{v}$ に対応する平行移動とする. すなわち, 点 $\boldsymbol{x}$ を位置ベクトルとみて $\boldsymbol{x} + \boldsymbol{v}$ にうつす変換である. このとき

$$f = T_{\boldsymbol{v}} f'$$

となる原点を保つ合同変換 f' が存在する．f' は，$O(n, \boldsymbol{R})$ の元である．このことから，合同変換群は平行移動を表す群 $\boldsymbol{R}^n$ と $O(n, \boldsymbol{R})$ の半直積であることがわかる．$O(n, \boldsymbol{R})$ の $\boldsymbol{R}^n$ への行列としての作用によりこの半直積の構造が定まっている．同様に，$GL(n, \boldsymbol{R})$ の $\boldsymbol{R}^n$ への作用により定義される半直積の群も，$\boldsymbol{R}^n$ のある種の変換を定めるが，この群は**アフィン変換群**と呼ばれている．

3.2 群の線形表現

3.2.1 線形変換と線形表現

一般に，V を $\boldsymbol{R}$ または $\boldsymbol{C}$ 上の線形空間とし，$\mathrm{End}(V)$ を V から V への線形写像の全体からなる集合とする．$\mathrm{End}(V)$ は写像の行き先 V が線形空間なので，値の和やスカラー倍により線形空間の構造が入る．

まず，f, g を $\mathrm{End}(V)$ の元としよう．すなわち f と g はともに V から V への線形写像である．f と g の和を値の和で定義する．任意の V の元 $\boldsymbol{v}$ に対し，

$$(f + g)(\boldsymbol{v}) = f(\boldsymbol{v}) + g(\boldsymbol{v})$$

とする．f と g の線形性より，$(f+g)$ も線形写像となる．スカラー倍についても，値のスカラー倍で定義する．すなわち，任意の複素数 c と V の元 $\boldsymbol{v}$ に対し，

$$(cf)(\boldsymbol{v}) = c(f(\boldsymbol{v}))$$

とするのである．f の線形性より，cf も線形写像となる．以上により，$\mathrm{End}(V)$ は線形空間となる．V が有限次元の線形空間のとき，その次元を n とすると，V の基底を定めると $\mathrm{End}(V)$ の元は行列で表示できるので，$\mathrm{End}(V)$ は全行列環 $M_n(\boldsymbol{R})$ または $M_n(\boldsymbol{C})$ と同一視できる．

$\mathrm{End}(V)$ の元のうち，逆写像があるもの全体からなる部分集合を $GL(V)$ と書く．$GL(V)$ には恒等写像も含まれ，群となるが，これを V 上の**一般線形群**と呼ぶ．群 G から $GL(V)$ への群準同型 ρ を，群 G の V 上の**線形表現**と呼び，V を ρ の**表現空間**という．線形表現についての基本的な概念をいくつか説

明しておこう. なお, とくに断らない限り, 線形表現といったときは有限次元線形空間上の表現のみをさすことにする.

群 G の V_1 を表現空間とする表現 ρ_1 と V_2 を表現空間とする表現 ρ_2 とに対し, ある V_1 から V_2 への同型写像 f で, 任意の $g \in G$ に対し,

$$f \circ \rho_1(g) = \rho_2(g) \circ f$$

が成り立つとき, ρ_1 と ρ_2 とは, **同値な表現**であるという.

3.2.2 不変部分空間

ρ を G の V 上の表現とするとき, V の部分空間 W で $\rho(G)W \subset W$ となるものを **G-不変部分空間**と呼ぶ. このとき, ρ を W に制限したものは G から $GL(W)$ への表現となる. これを ρ の W 上の**部分表現**と呼び, ρ_W と書く. ρ の W への**制限**ということもある.

また, G-不変部分空間 W に対し, 商空間 V/W に対しても G の作用が定義でき, G から $GL(V/W)$ への準同型写像が得られる. これを G の V/W 上の**商表現**と呼ぶ.

3.2.3 既約表現

線形表現 ρ の表現空間 V が G の表現としてこれ以上細かく分けられないとき, ρ を既約表現という. 正確には次のように定義する.

定義(既約表現) G の V 上の表現 ρ について, ρ による G の作用に関する V の G-不変部分空間が, V 全体と, 0 ベクトルのみからなる $\{\mathbf{0}\}$ の 2 つしかないとき, ρ を**既約表現**という.

既約表現の概念は, 表現空間を $\mathbf{R}$ 上で考えるか $\mathbf{C}$ 上で考えるかにより変わってくる. もっとも簡単な例として位数 3 の巡回群 H_3 の表現をみてみよう. 回転角が $0, 2\pi/3, 4\pi/3$ の回転からなる群が H_3 と同型であるが, これらの回転は, 前に述べたような次の 2×2 の回転行列で表される.

$$\begin{pmatrix} 1 & 0 \\ 0 & 1 \end{pmatrix}, \quad \begin{pmatrix} -\frac{\sqrt{1}}{2} & \frac{\sqrt{3}}{2} \\ -\frac{\sqrt{3}}{2} & -\frac{\sqrt{1}}{2} \end{pmatrix}, \quad \begin{pmatrix} -\frac{\sqrt{1}}{2} & -\frac{\sqrt{3}}{2} \\ \frac{\sqrt{3}}{2} & -\frac{\sqrt{1}}{2} \end{pmatrix}$$

これは $V = \mathbf{R}^2$ 上の表現とみなせるが，V や $\{0\}$ と異なる不変部分空間は存在しない．なぜなら，もし V や $\{0\}$ と異なる不変部分空間が存在するとすると，それは 1 次元空間となり，上記の行列の固有空間とならなければならない．ところが，上の行列のうち後の 2 つは固有値が $(-1 \pm \sqrt{-3})/2$ と複素数になり，$\mathbf{R}^2$ 中には固有ベクトルが存在しない．よって，上の 3 つの行列により H_3 の $\mathbf{R}^2$ 上の既約表現が定義される．

一方，これらの行列を $V^{\mathbf{C}} = \mathbf{C}^2$ 上の線形変換と思うと，

$$W_1 = \mathbf{C} \begin{pmatrix} 1 \\ \sqrt{-1} \end{pmatrix}, \quad W_2 = \mathbf{C} \begin{pmatrix} 1 \\ -\sqrt{-1} \end{pmatrix}$$

とするとき，W_1, W_2 ともに上記 3 つの行列の固有空間となり，$V^{\mathbf{C}}$ の H_3-不変部分空間となる．よって $V^{\mathbf{C}}$ は既約表現ではない．

3.2.4 半単純な表現

群 G の 2 つの表現 ρ_1, ρ_2 とそれらの表現空間 V_1, V_2 に対して，これらの直和に対応する表現が定義される．まず，$V = V_1 \oplus V_2$ とする．そして，V への G の作用を ρ_1 と ρ_2 による作用の直和として定義する．つまり，V 上の表現 ρ を，G の元 g と $\boldsymbol{v}_1 \in V_1, \boldsymbol{v}_2 \in V_2$ に対して，

$$\rho(g)(\boldsymbol{v}_1 \oplus \boldsymbol{v}_2) = \rho_1(g)\boldsymbol{v}_1 \oplus \rho_2(g)\boldsymbol{v}_2$$

とするのである．このようにして定義された ρ を $\rho = \rho_1 \oplus \rho_2$ と書くことにする．

群 G の表現 ρ とその表現空間 V について，次の (1)～(3) が成り立つとき，ρ を G の**半単純な表現**と呼ぶ．

3.2 群の線形表現

半単純な表現

(1) $V = W_1 \oplus W_2 \oplus \cdots \oplus W_k$ $(k \geq 1)$ となる自明でない，つまり $\{0\}$ でない G-不変部分空間 $W_1, W_2, \cdots, W_k$ が存在する．

(2) それぞれの W_i について，ρ の W_i への制限 ρ_i は既約である．

(3) 表現 ρ は $\rho_1 \oplus \rho_2 \oplus \cdots \oplus \rho_k$ と同値である．

定理 有限群の $\boldsymbol{C}$ 上の線形表現は常に半単純である．

証明 ρ を，有限群 G の V 上の線形表現とする．$e_1, e_2, \cdots, e_n$ を V の基底とし，$(\ ,\ )$ を V 上のこの基底に関する標準内積とする．すなわち，

$$(e_i, e_j) = \begin{cases} 1 & (i = j) \\ 0 & (i \neq j) \end{cases}$$

で定まる内積とする．このとき，次のようにして G の作用で不変な新しい内積 $(\ ,\ )_G$ を定義する．

$$(v, u)_G = \frac{1}{|G|} \sum_{g \in G} (gv, gu) \quad (v, u \in V)$$

こうすると，G が V に線形に作用していることから，$(\ ,\ )_G$ は双線形になり，また，$(v, v)_G = 0$ となる V の元 v は 0 ベクトルしかないことがわかるので，$(\ ,\ )_G$ は，V 上の内積である．さらに，任意の G の元 g と V の元 v, u に対し，

$$(gv, gu)_G = (v, u)_G$$

となるので，G の作用で不変な内積となっている．

さて，ρ が半単純であることを示すには，V の任意の自明でない不変部分空間 W に対し，V のある不変部分空間 U で $V = W \oplus U$ となるものがあることを示せばよい．このとき $\rho = \rho|_W \oplus \rho|_U$ となり，あとは次元に関する帰納法で半単純性の条件を満たすことが示される．そこで，W を，V より小さい自明でない不変部分空間とし，$(\ ,\ )_G$ に関する W の直交補空間を U としよう．

このとき，G の元 g と W の元 w，U の元 u に対し，

$$(w, \, g\,u)_G = (g^{-1}w, u)_G = 0 \quad (g^{-1}w \in W)$$

となるので，$g\,u \in U$ となり，U も不変部分空間となる．　　　　証明終

一般化された内積

$V \times V$ から $\boldsymbol{C}$ への写像 $(\,,\,)$ が**内積**であるとは，次の (1), (2) を満たすことである．

(1) **双線形性**　$(\,,\,)$ は，第 1，第 2 成分それぞれについて線形である．

(2) **正値性**　任意の V の元 v に対し，$(v,v) \geq 0$ であり，$(v,v) = 0$ となる必要十分条件は，$v = \boldsymbol{0}$（0 ベクトル）である．

V のある基底に関して定義された標準内積は，内積であるが，標準内積と異なる内積もある．このときも，グラム-シュミットの直交化により基底を取り換えると，この新しい基底に関しては標準内積となる．

3.3　群のさまざまな表現

3.3.1　置　換　表　現

有限群 G が有限集合 S に作用しているとき，これを**置換表現**と呼ぶ．これは，S の元を基底とするような形式的な線形空間 CS を考えると，基底の置換に対応する行列で表現される線形表現となる．この線形表現のことを**線形置換表現**と呼ぶ．G が G に左から作用しているが，これに対応する線形置換表現は G の群環 CG 上の表現であり，**左正則表現**あるいは単に**正則表現**と呼ばれている．また，n 次対称群 S_n は，n 個の要素からなる集合に作用しているが，この置換表現に対応する線形表現を，S_n の標準的な**線形置換表現**と呼ぶ．

3.3.2　1　次　表　現

群 G から数（実数，または複素数）の乗法群への準同型写像を G の**1 次表現**と呼ぶ．どの群 G に対しても，G のすべての元に 1 を対応させる写像は，1

次表現となる．この表現を**単位表現**とか**自明な1次表現**などという．また，対称群の元に対しその符号を対応させる写像は1次表現であり**符号表現**と呼ばれている．さらに一般線形群 $GL(n, \boldsymbol{C})$ に対しその行列の行列式を対応させる写像も1次表現であり**行列式表現**と呼ばれている．

有限群 G の集合 S 上の置換表現に対し，$\boldsymbol{C}S$ のすべての元の和で張られる1次元の部分空間を W とする．すなわち，

$$W = \boldsymbol{C}\left(\sum_{s \in S} s\right) \subset \boldsymbol{C}S$$

とすると，W の元は G の作用で不変であり，W は自明な不変部分空間となる．対称群 S_n の標準的な置換表現は，この自明な1次元表現と，ある $n-1$ 次元な既約表現との直和となっていることが知られており，この $n-1$ 次元の既約表現のことを，**自然表現**と呼ぶ．

群 G の V 上の線形表現 ρ と，1次表現 χ に対し，これらの積表現（後で述べるテンソル積表現の特別な場合）$\chi \otimes \rho$ を，$g \in G$ に対し

$$(\chi \otimes \rho)(g) = \chi(g)\,\rho(g)$$

すなわち，ρ による表現行列 $\rho(g)$ の $\chi(g)$ 倍で定義する．$\chi \otimes \rho$ は V と同じ次元の表現空間上の表現となる．そして，ρ が既約表現のときは，$\chi \otimes \rho$ も既約表現となる．また，χ が単位表現の場合には，$\chi \otimes \rho = \rho$ となる．この性質があるので，すべての元に1を対応させる写像を単位表現と呼んだのである．

3.3.3 双対表現

V を群 G のある表現 ρ の表現空間とする．そして，V^* を V の双対空間としよう．双対空間 V^* とは，V から $\boldsymbol{C}$ への線形写像全体のなす集合 $\mathrm{End}(V, \boldsymbol{C})$ のことである．V の基底を $\boldsymbol{e}_1, \boldsymbol{e}_2, \cdots, \boldsymbol{e}_n$ とする．このとき，この V の基底に関する V^* の双対基底を $\boldsymbol{e}_1{}^*, \boldsymbol{e}_2{}^*, \cdots, \boldsymbol{e}_n{}^*$ とする．双対基底とは，

$$\boldsymbol{e}_i{}^*(\boldsymbol{e}_j) = \begin{cases} 1 & (i = j) \\ 0 & (i \neq j) \end{cases}$$

を満たすもののことである．ここで，G の元 g に対し，$\rho(g)$ の基底 $\bm{e}_1, \bm{e}_2, \cdots, \bm{e}_n$ に関する表現行列を $A = (a_{ij})$ としよう．このとき，g の V^* への表現を，A の転置行列の逆行列 ${}^t A^{-1}$ で定義する．${}^t A^{-1} = B = (b_{ij})$ とすると，

$$g \cdot \bm{e}_j = \sum_{k=1}^n a_{kj} \bm{e}_k, \quad g \cdot \bm{e}_i{}^* = \sum_{l=1}^n b_{li} \bm{e}_l{}^*$$

となるので，

$$(g \cdot \bm{e}_i{}^*)(g \cdot \bm{e}_j) = (\sum_{l=1}^n b_{li} \bm{e}_l{}^*)(\sum_{k=1}^n a_{kj} \bm{e}_k) = \sum_{k=1}^n b_{ki} a_{kj}$$

ところが，B は A の逆行列の転置行列だったので，

$$\sum_{k=1}^n b_{ki} a_{kj} = \begin{cases} 1 & (i = j) \\ 0 & (i \neq j) \end{cases}$$

となる．すなわち，$\bm{e}_1{}^*, \bm{e}_2{}^*, \cdots, \bm{e}_n{}^*$ を g でうつしたものが，$\bm{e}_1, \bm{e}_2, \cdots, \bm{e}_n$ を g でうつしたものの双対基底となっている．したがって，ここで定義した V^* への作用は V への作用と自然に対応する．この V^* への作用から定まる表現のことを表現 ρ の**双対表現**と呼び ρ^* と書く．

χ を群 G の 1 次表現とする．このとき，χ の双対表現 χ^* は，$g \in G$ に対して，$\chi(g)$ の逆行列の転置行列を対応させるものであるが，1×1 行列については，転置行列といっても，もとのものと同じものなので，結局

$$\chi^*(g) = \chi(g)^{-1}$$

となる．

χ を 1 次表現とし，χ^* をその双対表現とする．

命題 χ と χ^* のテンソル積 $\chi \otimes \chi^*$ は単位表現となる．

証明 G の任意の元 g に対し，

$$(\chi \otimes \chi^*)(g) = \chi(g) \chi^*(g) = \chi(g) \chi(g)^{-1} = 1$$

となるので，$\chi \otimes \chi^*$ は単位表現である． 証明終

3.3.4 テンソル積表現

V_1 と V_2 をそれぞれ n, m 次元のベクトル空間とし，基底をそれぞれ $\{e_1, e_2, \cdots, e_n\}$, $\{f_1, f_2, \cdots, f_m\}$ とする．このとき，V_1 と V_2 のテンソル積空間 $W = V_1 \otimes V_2$ とは，nm 次元の空間で，V_1 と V_2 の基底に対応する nm 個の元

$$w_{ij} = e_i \otimes f_j \quad (1 \leq i \leq n, 1 \leq j \leq m)$$

を基底とする線形空間である．さらに，U_1, U_2 を，それぞれ $\{\alpha_1, \alpha_2, \cdots, \alpha_p\}$, $\{\beta_1, \beta_2, \cdots, \beta_q\}$ を基底とする線形空間とし，V_1 から U_1 への線形写像 ϕ_1 と V_2 から U_2 への線形写像 ϕ_2 があるとき，$V_1 \otimes V_2$ から $U_1 \otimes U_2$ への線形写像 $\phi_1 \otimes \phi_2$ を次で定める．$A = (a_{ij})$, $B = (b_{ij})$ をそれぞれ ϕ_1, ϕ_2 に対応する行列とするとき，$\phi_1 \otimes \phi_2$ の行列要素を $a_{ik} b_{jl}$ で定める．すなわち，

$$(\phi_1 \otimes \phi_2)(e_i \otimes f_j) = \sum_{k=1}^{p} \sum_{l=1}^{q} (a_{ki} b_{lj}) \alpha_k \otimes \beta_l$$

である．この写像は行列で定義されているので，線形写像である．

とくに $U_1 = V_1, U_2 = V_2$ のときは，$\phi_1 \in \mathrm{End}(V_1)$, $\phi_2 \in \mathrm{End}(V_2)$ であり，このとき $\phi_1 \otimes \phi_2 \in \mathrm{End}(V_1 \otimes V_2)$ となる．$\mathrm{End}(V_1), \mathrm{End}(V_2)$ では写像の合成に対応する積が定義されていて行列の積と対応しているが，この積は，テンソル積したときにも意味がある．

命題 V_1, V_2 を線形空間とする．$\phi_1, \phi_1' \in \mathrm{End}(V_1)$, $\phi_2, \phi_2' \in \mathrm{End}(V_2)$ に対し

$$(\phi_1 \phi_1') \otimes (\phi_2 \phi_2') = (\phi_1 \otimes \phi_2)(\phi_1' \otimes \phi_2')$$

となる．

証明 行列の積を成分で表示して証明する．V_1, V_2 の次元をそれぞれ p, q とし，$\phi_1, \phi_1', \phi_2, \phi_2'$ に対応する行列をそれぞれ $A = (a_{ij})$, $A' = (a_{ij}')$, $B = (b_{ij}')$, $B' = (b_{ij}')$ とする．すると，

$$((\phi_1 \phi_1') \otimes (\phi_2 \phi_2')) (e_i \otimes f_j)$$
$$= \sum_{k=1}^{p} \sum_{l=1}^{q} (AA')_{ki} (BB')_{lj} e_k \otimes f_l$$
$$= \sum_{k=1}^{p} \sum_{l=1}^{q} \left(\sum_{n=1}^{p} a_{kn} a_{ni}' \right) \left(\sum_{m=1}^{q} b_{lm} b_{mj} \right) e_k \otimes f_l$$
$$= \sum_{n=1}^{p} \sum_{m=1}^{q} a_{kn} b_{lm} \left(\sum_{k=1}^{p} \sum_{l=1}^{q} a_{ni}' b_{mj}' (e_k \otimes f_l) \right)$$
$$= (\phi_1 \otimes \phi_2)(\phi_1' \otimes \phi_2') (e_i \otimes f_j)$$

となる. 　　　　　　　　　　　　　　　　　　　　　　　　　　　　証明終

群 G に対し, ρ_1, ρ_2 をそれぞれ V_1, V_2 を表現空間とする線形表現とする. このとき, 任意の G の元 g に対し, $\rho_1 \otimes \rho_2$ を

$$(\rho_1 \otimes \rho_2)(g) = \rho_1(g) \otimes \rho_2(g) : V_1 \otimes V_2 \to V_1 \otimes V_2$$

と定義する. このとき, $g_1, g_2 \in G$ に対して, 次が成り立ち, $\rho_1 \otimes \rho_2$ は G の表現となる. この表現を ρ_1 と ρ_2 のテンソル積表現と呼ぶ.

命題 $(\rho_1 \otimes \rho_2)(g_1 g_2) = (\rho_1 \otimes \rho_2)(g_1) (\rho_1 \otimes \rho_2)(g_2)$

証明 上の命題から,

$$(\rho_1 \otimes \rho_2)(g_1 g_2) = \rho_1(g_1 g_2) \otimes \rho_2(g_1 g_2)$$
$$= (\rho_1(g_1) \rho_1(g_2)) \otimes (\rho_2(g_1) \rho_2(g_2))$$
$$= (\rho_1(g_1) \otimes \rho_2(g_1)) (\rho_1(g_2) \otimes \rho_2(g_2))$$
$$= (\rho_1 \otimes \rho_2)(g_1) (\rho_1 \otimes \rho_2)(g_2)$$

となる. 　　　　　　　　　　　　　　　　　　　　　　　　　　　　証明終

ρ を群 G の表現とし, V をその表現空間とする. V の次元が 1 より大きいときは $V \otimes V^*$ の次元も 1 より大きく, $\rho \otimes \rho^*$ は単位表現とはならないが, 次

3.3 群のさまざまな表現

の命題のように単位表現を含む表現となっている.

命題 $V \otimes V^*$ の G の作用で不変な 1 次元部分空間 V_0 で, $\rho \otimes \rho^*$ を V_0 に制限したものが単位表現となる V_0 が存在する.

証明 $n = \dim V$ とし, $\boldsymbol{e}_1, \boldsymbol{e}_2, \cdots, \boldsymbol{e}_n$ を V の基底とする. また, これに関する V^* の双対基底を $\boldsymbol{e}_1{}^*, \boldsymbol{e}_2{}^*, \cdots, \boldsymbol{e}_n{}^*$ とする. そして, V_0 を $V \otimes V^*$ の元

$$\boldsymbol{v}_0 = \boldsymbol{e}_1 \otimes \boldsymbol{e}_1{}^* + \boldsymbol{e}_2 \otimes \boldsymbol{e}_2{}^* + \cdots + \boldsymbol{e}_n \otimes \boldsymbol{e}_n{}^*$$

で生成される 1 次元部分空間とする. g を G の任意の元とし, $A = (a_{ij})$ を V の基底 $\boldsymbol{e}_1, \boldsymbol{e}_2, \cdots, \boldsymbol{e}_n$ に関する $\rho(g)$ の表現行列とし, $B = (b_{ij})$ を V^* の基底 $\boldsymbol{e}_1{}^*, \boldsymbol{e}_2{}^*, \cdots, \boldsymbol{e}_n{}^*$ に関する ρ^* の表現行列とする. $B = {}^t A^{-1}$ である. このとき, $(\rho \otimes \rho^*)(g)(\boldsymbol{v}_0)$ は次のようになる.

$$(\rho \otimes \rho^*)(g)(\boldsymbol{v}_0) = (A \otimes B)\left(\sum_{i=1}^n \boldsymbol{e}_i \otimes \boldsymbol{e}_i{}^*\right) = \sum_{i=1}^n (A\,\boldsymbol{e}_i) \otimes (B\,\boldsymbol{e}_i{}^*)$$
$$= \sum_{i=1}^n \left(\sum_{k=1}^n a_{ki}\,\boldsymbol{e}_k\right) \otimes \left(\sum_{l=1}^n b_{li}\,\boldsymbol{e}_l{}^*\right)$$
$$= \sum_{k,l=1}^n \left(\sum_{i=1}^n a_{ki}\,b_{li}\right)(\boldsymbol{e}_k \otimes \boldsymbol{e}_l{}^*)$$

となるが, $B = {}^t A^{-1}$ より,

$$\sum_{i=1}^n a_{ki}\,b_{li} = \begin{cases} 1 & (k = l) \\ 0 & (k \neq l) \end{cases}$$

となるので,

$$(\rho \otimes \rho^*)(g)(\boldsymbol{v}_0) = \sum_{k=1}^n \boldsymbol{e}_k \otimes \boldsymbol{e}_k{}^* = \boldsymbol{v}_0$$

となり, 結局 $\boldsymbol{v}_0$ は, G の作用で不変となるので, $\rho \otimes \rho^*$ を V_0 に制限した表現は単位表現となる. 証明終

3.3.5 対称群のテンソル積への作用

V を k 次元のベクトル空間とし,$e_1, e_2, \cdots, e_k$ をその基底とする.このとき,V の n 個のテンソル積空間

$$T^n(V) = \otimes^n V = \underbrace{V \otimes V \otimes \cdots \otimes V}_{n}$$

に,n 次対称群 S_n を次のように作用させることができる.S_n の元 σ が,$(1, 2, \cdots, n)$ を $(\sigma(1), \sigma(2), \cdots, \sigma(n))$ にうつす置換とし,V の元 v を

$$v = \sum_{i_1, i_2, \cdots, i_n = 1}^{k} c_{i_1, i_2, \cdots, i_n} \left(e_{i_1} \otimes e_{i_2} \otimes \cdots \otimes e_{i_n} \right)$$

とするとき,

$$\sigma \cdot v = \sum_{i_1, i_2, \cdots, i_n = 1}^{k} c_{i_1, i_2, \cdots, i_k} \left(e_{i_{\sigma^{-1}(1)}} \otimes e_{i_{\sigma^{-1}(2)}} \otimes \cdots \otimes e_{i_{\sigma^{-1}(n)}} \right)$$
$$= \sum_{i_1, i_2, \cdots, i_n = 1}^{k} c_{i_{\sigma(1)}, i_{\sigma(2)}, \cdots, i_{\sigma(n)}} \left(e_{i_1} \otimes e_{i_2} \otimes \cdots \otimes e_{i_n} \right)$$

とするのである.

このとき,$T^n(V)$ の元で S_n の作用で不変なものを**対称テンソル**と呼ぶ.また,対称テンソル全体からなる部分空間を**対称テンソル空間**と呼び $S^n(V)$ と書く.すなわち

$$S^n(V) = \{ v \in T^n(V) \mid \sigma \cdot v = v \quad (\sigma \in S_n) \}$$

である.たとえば,$S^2(V)$ は,$e_i \otimes e_i$ $(1 \leq i \leq k)$ と $e_i \otimes e_j + e_j \otimes e_i$ $(1 \leq i < j \leq k)$ で張られる.

また,$T^n(V)$ の元で S_n の元 σ の作用で σ の符号倍になるものを**交代テンソル**と呼び,交代テンソルの全体からなる部分空間を $A^n(V)$ と書く.すなわち

$$A^n(V) = \{ v \in T^n(V) \mid \sigma \cdot v = \mathrm{sgn}\, \sigma\, v \quad (\sigma \in S_n) \}$$

である.たとえば,$A^2(V)$ は,$e_i \otimes e_j - e_j \otimes e_i$ $(1 \leq i < j \leq k)$ で張られる.

3.3 群のさまざまな表現

さて，V が群 G のある表現 ρ の表現空間としよう．このとき，$T^n(V)$ の元

$$\boldsymbol{v} = \sum_{i_1,i_2,\cdots,i_n=1}^{k} c_{i_1,i_2,\cdots,i_n} \left(\boldsymbol{e}_{i_1} \otimes \boldsymbol{e}_{i_2} \otimes \cdots \otimes \boldsymbol{e}_{i_n} \right)$$

と，S_n の元 σ，G の元 g に対し，

$$\sigma \cdot (g \cdot \boldsymbol{v}) = \sigma \cdot \left(\sum_{i_1,i_2,\cdots,i_n=1}^{k} c_{i_1,i_2,\cdots,i_n} \left(g \cdot \boldsymbol{e}_{i_1} \otimes g \cdot \boldsymbol{e}_{i_2} \otimes \cdots \otimes g \cdot \boldsymbol{e}_{i_n} \right) \right)$$

となるが，σ は，テンソル積での並び方を入れ替えるように作用するので，

$$\text{上式} = \sum_{i_1,i_2,\cdots,i_n=1}^{k} c_{i_1,i_2,\cdots,i_n} \left(g \cdot \boldsymbol{e}_{i_{\sigma^{-1}(1)}} \otimes g \cdot \boldsymbol{e}_{i_{\sigma^{-1}(2)}} \otimes \cdots \otimes g \cdot \boldsymbol{e}_{i_{\sigma^{-1}(n)}} \right)$$

$$= \sum_{i_1,i_2,\cdots,i_n=1}^{k} c_{i_{\sigma(1)},i_{\sigma(2)},\cdots,i_{\sigma(n)}} \left(g \cdot \boldsymbol{e}_{i_1} \otimes g \cdot \boldsymbol{e}_{i_2} \otimes \cdots \otimes g \cdot \boldsymbol{e}_{i_n} \right)$$

$$= g \cdot \left(\sum_{i_1,i_2,\cdots,i_n=1}^{k} c_{i_{\sigma(1)},i_{\sigma(2)},\cdots,i_{\sigma(n)}} \left(\boldsymbol{e}_{i_1} \otimes \boldsymbol{e}_{i_2} \otimes \cdots \otimes \boldsymbol{e}_{i_n} \right) \right)$$

$$= g \cdot \left(\sigma \cdot \sum_{i_1,i_2,\cdots,i_n=1}^{k} c_{i_1,i_2,\cdots,i_n} \left(\boldsymbol{e}_{i_1} \otimes \boldsymbol{e}_{i_2} \otimes \cdots \otimes \boldsymbol{e}_{i_n} \right) \right)$$

$$= g \cdot (\sigma \cdot \boldsymbol{v})$$

すなわち，

$$\sigma \cdot (g \cdot \boldsymbol{v}) = g \cdot (\sigma \cdot \boldsymbol{v})$$

が成り立つ．このことから，$\sigma \in S_n$ が $\boldsymbol{v} \in T^n(V)$ にスカラー倍で作用する．すなわち，ある数 λ があって $\sigma \cdot \boldsymbol{v} = \lambda \boldsymbol{v}$ となるとき，$g \cdot \boldsymbol{v}$ にも，σ は λ 倍で作用する．

$$\sigma \cdot (g \cdot \boldsymbol{v}) = \lambda (g \cdot \boldsymbol{v})$$

したがって，$T^n(V)$ の部分空間 $S^n(V)$, $A^n(V)$ は G 不変な部分空間である．$\rho \otimes \rho \otimes \cdots \otimes \rho$ を $S^n(V)$ に制限した G の表現を ρ の **n 次対称テンソル積表現**といい，$A^n(V)$ に制限した表現を **n 次交代テンソル積表現**という．

3.4　$GL(2, C)$ のさまざまな線形表現

3.4.1　自然表現，1次表現

$GL(2, C)$ の線形表現について考えてみる．まず最初に，2×2 行列として C^2 に自然に作用する自然表現が考えられる．また，1次表現として，単位表現以外に，行列式を対応させる表現がある．この表現を det と書くことにする．任意の整数に対し，行列式の n 乗を対応させる写像も1次表現となるので，これを $\det^n$ と書くことにする．テンソル表現を使うと，$n > 0$ のときは $\det^n$ は det の n 個のテンソル積のことである．

$$\det^n = \underbrace{\det \otimes \det \otimes \cdots \otimes \det}_{n}$$

また，$\det^{-1}$ は det の双対表現 $\det^*$ と等しく，$n < 0$ のときは，$\det^n$ は $\det^{-1}$ の $-n$ 個のテンソル積のこととなる．

3.4.2　自然表現のテンソル積表現

$GL(2, C)$ の自然表現のテンソル積表現を考えることにより，高次の表現空間をもつ表現を構成することができる．まず，自然表現 ρ の表現空間を $V = C^2$ とする．そして，$T^n(V)$ を V の n 個のテンソル積の空間とし，$S^n(V)$, $A^n(V)$ を，その対称テンソル空間，交代テンソル空間とする．

まずは2階のテンソル積空間についてみてみよう．$T^2(V)$ については，

$$T^2(V) = S^2(V) \oplus A^2(V) \quad (\text{線形空間としての直和})$$

であり，$S^2(V)$ が3次元，$A^2(V)$ が1次元の空間である．$GL(2, C)$ の $A^2(V)$, $S^2(V)$ への表現がどのようなものか調べてみよう．$GL(2, C)$ の元 g を，行列 $\begin{pmatrix} a & b \\ c & d \end{pmatrix}$ に対応するものとする．このとき，

3.4 $GL(2, \boldsymbol{C})$ のさまざまな線形表現

$$\begin{aligned}
&g \cdot (\boldsymbol{e}_1 \otimes \boldsymbol{e}_2 - \boldsymbol{e}_2 \otimes \boldsymbol{e}_1) \\
&= (g \cdot \boldsymbol{e}_1) \otimes (g \cdot \boldsymbol{e}_2) - (g \cdot \boldsymbol{e}_2) \otimes (g \cdot \boldsymbol{e}_1) \\
&= (a\,\boldsymbol{e}_1 + c\,\boldsymbol{e}_2) \otimes (b\,\boldsymbol{e}_1 + d\,\boldsymbol{e}_2) - (b\,\boldsymbol{e}_1 + d\,\boldsymbol{e}_2) \otimes (a\,\boldsymbol{e}_1 + c\,\boldsymbol{e}_2) \\
&= (a\,d - b\,c)\,(\boldsymbol{e}_1 \otimes \boldsymbol{e}_2) - (a\,d - b\,c)\,(\boldsymbol{e}_2 \otimes \boldsymbol{e}_1) \\
&= (a\,d - b\,c)\,(\boldsymbol{e}_1 \otimes \boldsymbol{e}_2 - \boldsymbol{e}_2 \otimes \boldsymbol{e}_1)
\end{aligned}$$

となるので，$\rho \otimes \rho$ の $A^2(V)$ への制限は，1次表現 det と同じ表現となる．

3.4.3 自然表現の対称テンソル積表現

$GL(2, \boldsymbol{C})$ の $S^2(V)$ への表現を調べてみよう．

$$\begin{aligned}
g \cdot (\boldsymbol{e}_1 \otimes \boldsymbol{e}_1) &= (a\,\boldsymbol{e}_1 + c\,\boldsymbol{e}_2) \otimes (a\,\boldsymbol{e}_1 + c\,\boldsymbol{e}_2) \\
&= a^2\,(\boldsymbol{e}_1 \otimes \boldsymbol{e}_1) + a\,c\,(\boldsymbol{e}_1 \otimes \boldsymbol{e}_2 + \boldsymbol{e}_2 \otimes \boldsymbol{e}_1) + c^2\,(\boldsymbol{e}_2 \otimes \boldsymbol{e}_2)
\end{aligned}$$

$$\begin{aligned}
&g \cdot (\boldsymbol{e}_1 \otimes \boldsymbol{e}_2 + \boldsymbol{e}_2 \otimes \boldsymbol{e}_1) \\
&= (a\,\boldsymbol{e}_1 + c\,\boldsymbol{e}_2) \otimes (b\,\boldsymbol{e}_1 + d\,\boldsymbol{e}_2) + (b\,\boldsymbol{e}_1 + d\,\boldsymbol{e}_2) \otimes (a\,\boldsymbol{e}_1 + c\,\boldsymbol{e}_2) \\
&= 2\,a\,b\,(\boldsymbol{e}_1 \otimes \boldsymbol{e}_1) + (a\,d + b\,c)(\boldsymbol{e}_1 \otimes \boldsymbol{e}_2 + \boldsymbol{e}_2 \otimes \boldsymbol{e}_1) + 2\,c\,d\,(\boldsymbol{e}_2 \otimes \boldsymbol{e}_2)
\end{aligned}$$

$$\begin{aligned}
g \cdot (\boldsymbol{e}_2 \otimes \boldsymbol{e}_2) &= (b\,\boldsymbol{e}_1 + d\,\boldsymbol{e}_2) \otimes (b\,\boldsymbol{e}_1 + d\,\boldsymbol{e}_2) \\
&= b^2\,(\boldsymbol{e}_1 \otimes \boldsymbol{e}_1) + b\,d\,(\boldsymbol{e}_1 \otimes \boldsymbol{e}_2 + \boldsymbol{e}_2 \otimes \boldsymbol{e}_1) + d^2\,(\boldsymbol{e}_2 \otimes \boldsymbol{e}_2)
\end{aligned}$$

となるので，$S^2(V)$ の基底 $\boldsymbol{e}_1 \otimes \boldsymbol{e}_1$, $\boldsymbol{e}_1 \otimes \boldsymbol{e}_2 + \boldsymbol{e}_2 \otimes \boldsymbol{e}_1$, $\boldsymbol{e}_2 \otimes \boldsymbol{e}_2$ に関する表現行列は，

$$\begin{pmatrix} a^2 & 2\,a\,b & b^2 \\ a\,c & a\,d + b\,c & b\,d \\ c^2 & 2\,c\,d & d^2 \end{pmatrix}$$

となる．高次の対称テンソル積空間 $S^n(V)$ における $GL(2, \boldsymbol{C})$ の表現も同様に構成できる．自然表現の対称テンソル積表現については次が成り立つ．

定理 $GL(2, \boldsymbol{C})$ の自然表現 ρ の n 階の対称テンソル積表現を ρ_n と書く．このとき，ρ_n は既約表現である．

証明 次節の結果を用いる．次節で述べる，指数写像と呼ばれるリー群とリー環の対応を用いると，リー群の既約線形表現から対応するリー環の既約線形表現が構成できることがわかる．$SL(2,\boldsymbol{C})$ に対応するリー環は $sl(2,\boldsymbol{C})$ と書かれる，2×2 行列全体のなすリー環となる．次節で，このリー環の有限次元既約表現が，自然表現の対称テンソル積表現しかないという定理を証明するが，その証明のなかで，自然表現の対称テンソル積表現が既約になることを示している．したがって，対応するリー群の自然表現の対称テンソル積表現も既約になる．   証明終

3.5 リ ー 環

3.5.1 リー群の等質性

リー群の局所的な性質を表すものにリー環がある．$GL(2,\boldsymbol{R})$ を例にとって説明する．$GL(2,\boldsymbol{R})$ の元は 2×2 行列 $\begin{pmatrix} a & b \\ c & d \end{pmatrix}$ で，可逆なもの，つまり，$ad-bc\neq 0$ なものである．したがって，$GL(2,\boldsymbol{R})$ の元は，a,b,c,d という4つのパラメータで，$ad-bc\neq 0$ となるもので表される．これは，a,b,c,d を4方向の座標とする4次元空間から，$ad-bc=0$ を満たす集合をとり除いたものと考えられ，幾何的構造を考えることができる．

$$GL(2,\boldsymbol{R}) = \left\{ {}^t(a,b,c,d) \mid ad-bc \neq 0 \right\} \subset \boldsymbol{R}^4$$

たとえば，小さな数 ε に対して，$\boldsymbol{R}^4$ でのユークリッド距離，つまり普通の長さに関する単位行列のまわりの ε 近傍 U_ε が考えられる．

$$U_\varepsilon = \left\{ {}^t(a,b,c,d) \mid (a-1)^2 + b^2 + c^2 + (d-1)^2 < \varepsilon^2 \right\}$$

g を $GL(2,\boldsymbol{R})$ の任意の元とするとき，gU_ε は，g の近傍となる．そして，単位元の近傍 U_ε での様子がわかると g の近傍 gU_ε での様子もわかる．したがって，$GL(2,\boldsymbol{R})$ の局所的な性質，つまり，点のまわりでの性質は，その点がどこにあろうと，単位元のまわりでの性質から決まる．このことを，リー群の**等質性**と呼ぶ．

それでは,単位元のまわりでの局所的な性質をみるにはどうしたらよいだろうか.そもそも,局所的な性質とはどんなもののことなのだろうか.日常的に使っているものには,温度や,密度といったものがある.これらは,みな物理的な性質であるが,幾何的な性質では,曲がり方がもっとも典型的な局所的な性質である.平面上に曲線があるとき,その曲線がどのくらい急に,あるいは緩やかに曲がっているかというのは,その曲線上の各点ごとに決まっている.また,ある点での曲がり方というのは,その点だけ見ててもわからず,その点の近くの様子をみないとわからない.すなわち,その点の近傍までみてわかるものなのである.

3.5.2 曲　　　率

曲線がどれだけ曲がっているかをみるには,その曲線に対して接線を引き,その曲線が接線からどのくらいの勢いで離れていくかをみればよい.なお,ここでは,曲線といえば十分滑らかなものとする.すなわち,何回微分しても連続関数となる2つの関数 $f(t), g(t)$ により,曲線が $^t(f(t), g(t))$ とパラメータ表示できるものとするのである.曲線上の点をPとしよう.点Pから ε の距離離れた曲線上の点と,同じ方向に同じ距離だけ離れた接線上の点との距離を $l(\varepsilon)$ とすると,接線をとったことより

$$\lim_{\varepsilon \to 0} l(\varepsilon) = 0, \quad \lim_{\varepsilon \to 0} \frac{l(\varepsilon)}{\varepsilon} = 0$$

となるので,2次のオーダーの部分

$$\lim_{\varepsilon \to 0} \frac{l(\varepsilon)}{\varepsilon^2}$$

が曲がり方を表している量となる.これの2倍の平方根が**曲率**と呼ばれる量で,同じ曲がり方の円の半径の逆数を表している.

曲線を曲面とした場合はどうであろうか.3次元空間中の曲面に対し,ある点で曲がっているかどうかというのは局所的な性質である.しかし,曲面になると,ある点Pにおける曲がり方をみるのにいろいろな方法がある.1つは,方向を1つ指定し,その方向にどれだけ曲がっているかを曲線のときと同様にして計る方法がある.方向ごとに曲率が決まるが,これらについて,平均をとっ

たり最大・最小をとったりして方向によらない数を決めれば，それが何らかの意味でPのまわりでの曲がり具合を表す量となる．さらに，次のような方法もある．十分小さな数 ε に対して，点Pから ε の距離にある点のなす曲線，つまり，Pを中心とする半径 ε の円のようなもの（曲面が平らでないので，必ずしも円とはならない）を考え，その長さを $l(\varepsilon)$ とする．もし，曲面が平ら，すなわち，曲がっていなかったとすると，

$$l(\varepsilon) = 2\pi\varepsilon$$

となるので，これとのずれ，すなわち，$l(\varepsilon)$ の ε に関する2次の項の係数

$$\lim_{\varepsilon \to 0} \frac{l(\varepsilon) - 2\pi\varepsilon}{\varepsilon^2}$$

が，Pでの曲面の曲がり具合を反映している．（1次の係数が 2π と異なるときは点Pで曲面が滑らかでないときである．）

この最後の手法は，その前の方法と違い，曲面だけで計れる量を用いて定義されており，その前の，曲面や曲線が空間や平面にどのように曲がって入っているかをみる方法とは本質的に違っている．われわれは，地球が丸いということを，宇宙から見た地球の姿で理解しているが，実際には，地球上で厳密な測量を行うことにより，地球を宇宙から眺められるようになる前から，丸いということはわかっていたのである．

3.5.3 接 平 面

曲線に対して，接線を引いて，接線からのずれ方で曲線の曲がり方をみた．同様に，曲面に対しても，接平面を考え，接平面からのずれ方で曲面の曲がり方を知ることができる．接平面上に適当な方向をとり，それを x 軸方向とし，これと直交する方向を y 軸方向とすると，曲面の接平面からのずれ方は，ある数 a, b により，だいたい

$$ax^2 + by^2$$

となる．しかし，このように接平面がとれるのは，曲面が3次元空間に入っているからである．実際には，このような高次元の空間にどのように入っている

3.5 リー環　　　　　　　　　　　　　　　　　　113

図 3.1　地球上での接平面

かを知らなくても，曲面の性質を知ることはできる．このような場合，接平面というのを定義することはできないが，接ベクトル空間というものを定義することができる．ある曲面上の点Pでの接ベクトル空間とは，点Pでの方向と，それに大きさを組み合わせたものからなるベクトル全体からなるベクトル空間のことである．点Pにおいて考えられる速度ベクトル全体のなすベクトル空間と思うと考えやすいかもしれない．地球上のある点で，東向きの時速 1000 km の速度ベクトルとか，南向きの時速 800 km の速度ベクトルというものを考えることができ，これらについては足したり，スカラー倍したりできるのである．したがって，地球上での点での接ベクトル空間は，2次元の線形空間となる．ここで注意してほしいのは，接ベクトル空間を定義するのに，地球が3次元空間に入っていることは使っていないということである．そのかわりに，次のように考えている．地球上のある点Pについて考えているときは，Pのまわりの地図をイメージし，そこに，速度を表すベクトルをPを始点とする矢印で書き込む感じである．地図は，範囲を広げていくと，地球が丸いために，どこかで変になってしまうのだが，速度を表す矢印はどんなに大きなものでも意味がある．

さて，曲面上で点Pでの速度ベクトル v が与えられると，そのベクトルの

さし示す方向へその大きさの表すスピードでまっすぐどんどん進むことができる．このようにして時間 t 後にたどり着く点を $x_t(v)$ と書くことにすると十分小さな ε に対し，接ベクトル空間の長さが ε 未満のベクトルの全体を x_1 により曲面に写す写像は，曲面のある P の近傍への全単射となる．

次に点 P の接ベクトル空間の 2 つのベクトル u, v について考えてみよう．u と v とのなす角を θ とする．そして，まず，P から速度ベクトル u に従って，時間 t だけ進み，そこで向きを角 θ だけ変えて，v の表す大きさの速度で時間 s だけ進んでたどり着く点を Q_1 とする．また，逆に，P から速度ベクトル v に従って，時間 s だけ進み，そこで向きを角 $-\theta$ だけ変えて，u の表す大きさの速度で時間 t だけ進んでたどり着く点を Q_2 とする．こうすると，曲面が平らなときは $Q_1 = Q_2$ となるので，Q_1 と Q_2 が t と s に応じてどれくらい離れてくるかによっても曲面の曲がり方がわかる．もっとも，この量は，u と v とによった量である．u, v ともに長さを 1 にして，互いに直交するようにしておいたとき，この量が u の方向によらなければ，この曲面の P での曲がり方は，方向によらず一定だということになる．この方法は，曲面の曲がり方を，3 次元空間内である方向に切ってみてその方向での曲がり方をみる，というような，方向別に曲がり方を調べる，ということを，曲面自身の情報だけから行う方法となっている．このように，抽象的に接ベクトル空間を導入し，それと曲面との関係をみていくことにより，曲面自身の情報だけから，その曲面の様子をかなり詳しく知ることができるのであり，曲面を研究する基本的な手法となっている．

3.5.4 リー群の接空間

リー群 $GL(2, \mathbf{R})$ について考えてみよう．$GL(2, \mathbf{R})$ については，すべての点のまわりの様子は単位元のまわりの様子と同じなので，単位元のまわりでの様子をみる．単位元における接ベクトル空間は，4 次元の線形空間であるが，$GL(2, \mathbf{R})$ のどの元のほうを向いているかということで，接ベクトル空間の元も 2×2 の行列で表される．0 ベクトルも入り，結局接ベクトル空間は，$M_2(\mathbf{R})$ となる．さて，接ベクトル空間の元 A に対し，上で述べたように，$GL(2, \mathbf{R})$ 中に，A の方向に A の大きさに対応する速度で進む軌跡を考えることができる．

この軌跡を $C_A(t)$ と表すことにしよう．$GL(2, \boldsymbol{R})$ は群であり，この単位元における方向と大きさをもったベクトル（ここでは行列になる）A は，単位元の近傍，つまり単位元のまわりを，そっくり $GL(2, \boldsymbol{R})$ の元 g で写像することにより，点 g における方向と大きさをもったベクトルにうつる．これを A_g と書くことにしよう．A_g は g における接ベクトル空間の元である．$GL(2, \boldsymbol{R})$ に，群構造から定まる幾何構造を入れるというのがどういうことか説明しておこう．幾何構造が何もなければ，どう進むのがまっすぐなのかも決まっていないということなのだが，いまの例では，単位元からまっすぐ A の方向へ進んでいくとは，各 t において，点 $C(t)$ から $A_{C(t)}$ の方向へ進むことだとするのである．このように，各点 g での性質を，単位元での性質を g でうつしてきて決めるということが，群構造により幾何的構造を定めるということの意味である．さて，点 $g = \begin{pmatrix} a & b \\ c & d \end{pmatrix}$ において，A_g はどこを向いているのであろうか．A_g は，A を g でうつしたものなので，gA の方向を向いたものとなる．したがって，$C(t)$ においては，$C(t)A$ の方向を向いている．これは，$C(t)$ を t で微分すると $C(t)A$ になることを意味し，

$$\frac{d}{dt} C(t) = C(t)\, A$$

という微分方程式が成り立つ．これは，行列の入った微分方程式であるが，数のときと同じように解けて，$C(0) = I$ より，

$$C(t) = \exp(t\,A)$$

となる．$\exp(t\,A)$ の意味は，

$$\exp(t\,A) = \sum_{k=0}^{\infty} \frac{(t\,A)^k}{k!}$$

である．このべき級数は，行列の場合でも収束するのである．

単位元の接空間とリー群の元との対応が exp を使ってついたので，接空間にも何らかの代数構造が入ると期待される．実際，リー積と呼ばれる積を定義することができる．$GL(2, \boldsymbol{C})$ に対応する単位元の接空間は，2×2-行列の全体

$M_2(\boldsymbol{C})$ であり,リー積は,$x, y \in M_n(\boldsymbol{C})$ に対して $[x, y]$ と書き,

$$[x, y] = xy - yx$$

で定義する.これは,次にみるようにリー群の方での 2 つの元 g, h に対する交換子

$$g h g^{-1} h^{-1}$$

に対応している.このようにリー積を定義した単位元の接空間を**リー環**あるいは**リー代数**と呼ぶ.

3.5.5 リー群とリー環の対応

任意のリー群に対し,その単位元の接空間にリー積が定義され,リー環となる.リー環の元は上で述べた写像 exp によりリー群の元 (正確には 1 係数部分群) と対応する.A を $M_2(\boldsymbol{C})$ の元としたとき A に対応する $GL(2, \boldsymbol{C})$ の 1 係数部分群は,t をパラメータとすると,

$$\{\exp(tA) \mid t \in \boldsymbol{R}\}$$

である.このとき,さらに $B \in M_2(\boldsymbol{R})$ に対して別のパラメータ s をとり,$\exp(sB) \in GL(n, \boldsymbol{R})$ を対応させると,

$$\begin{aligned}
&\exp(tA)\exp(sB)(\exp(tA))^{-1}(\exp(sB))^{-1}\\
&= \exp(tA)\exp(sB)\exp(-tA)\exp(-sB)\\
&= \left(1 + tA + \frac{t^2}{2}A^2 + \cdots\right)\left(1 + sB + \frac{s^2}{2}B^2 + \cdots\right)\\
&\quad \times \left(1 - tA + \frac{t^2}{2}A^2 - \cdots\right)\left(1 - sB + \frac{s^2}{2}B^2 - \cdots\right)\\
&= 1 + ts\,[A, B] + \cdots \quad (t, s \text{ に関する高次の項})
\end{aligned}$$

となり,意味のある最初の項がリー環の積に対応するのである.

注意:異なるリー群に対応するリー環が同じものになることがある.たとえば,$SL(2, \boldsymbol{R})$ のリー環と $PSL(2, \boldsymbol{R})$ のリー環は同型になる.これは,この 2

つの群は，単位元の近くでは，同じ構造になっているからであり，一般に，リー群 G に対応するリー環と，G をその有限正規部分群で割った商群に対応するリー環とは同型になる．

ここまで，$GL(2, \boldsymbol{R})$ を例にとって，リー群の単位元の接空間にリー群の交換子に対応するリー積が定義されることをみた．この本では定義しないが，$GL(n, \boldsymbol{R})$ や $GL(n, \boldsymbol{C})$ などのもつ幾何的な性質を備えた群をリー群と呼ぶ．一般のリー群 G に対しても，その単位元の接空間に対し，リー積を定義して，リー環の構造を入れることができる．このリー環を $\mathrm{Lie}(G)$ と書く．また，$GL(n, \boldsymbol{R})$ や $GL(n, \boldsymbol{C})$ に対応するリー環は，線形空間としては $M_n(\boldsymbol{R})$ や $M_n(\boldsymbol{C})$ と同型であるが，これにリー環の構造を入れたものは，$gl(n, \boldsymbol{R})$ や $gl(n, \boldsymbol{C})$ と書く．

3.5.6　リ ー 環 の 定 義
リー環そのものを代数的に定義することもできるので，それを述べておこう．

リー環の定義

g がリー環とは，線形空間で，次の性質を満たす**リー積**と呼ばれる 2 項演算 $[\,,\,]$ が定義されたものである．

(1)　リー積 $[\,,\,]$ は，双線形写像である．すなわち，
$$[x+y, z] = [x, z] + [y, z]$$
$$[c\,x, y] = c\,[x, y] \quad (c \text{ はスカラー})$$
$$[x, y+z] = [x, y] + [x, z]$$
$$[x, c\,y] = c\,[x, y] \quad (c \text{ はスカラー})$$

が成り立つ．

(2)　$[\,,\,]$ は交代的である．すなわち，
$$[x, y] = -[y, x]$$

である．

(3) [,] はヤコビ律と呼ばれる次の関係式を満たす.
$$[x,[y,z]] + [y,[z,x]] + [z,[x,y]] = 0$$

3.5.7 リー環の線形表現

g をリー環としよう. ある線形空間 V に対し, g から $\mathrm{End}(V)$ への線形写像 ρ で,
$$\rho([x,y]) = \rho(x)\,\rho(y) - \rho(y)\,\rho(x)$$
を満たすものを, g の**線形表現**と呼ぶ.

群の表現のときと同様, リー環の線形表現に対しても不変部分空間や既約表現といった概念を定義することができる. ρ を, あるリー環 g のある線形空間 V を表現空間とする線形表現とする. W を V の部分空間とする. このとき, W が g の作用で閉じているとき, すなわち,
$$\rho(g)\,W \subset W$$
となるとき, W を (g の作用による)**不変部分空間**と呼ぶ. このとき, 表現 ρ を W に制限したものも W を表現空間とする g の線形表現となる. これを $\rho|_W$ と書き, ρ の W への**制限**と呼ぶ. また, 商空間 V/W にも自然に g の作用が定義できる. これを**商表現**と呼ぶ.

表現 ρ の表現空間 V の不変部分空間が V と $\{0\}$ しか存在しないとき, ρ を**既約表現**と呼ぶ. たとえば, $gl(n,\boldsymbol{C})$ の $\boldsymbol{C}^n$ 上の自然表現は既約表現である. なぜなら, 既約でなかったとすると, ある $\boldsymbol{C}^n$ の不変部分空間 W で, その次元が 1 以上 $n-1$ のものが存在する. W の次元を k とし, $e_1, e_2, \cdots, e_k$ をある W の基底とする. このとき, $\boldsymbol{C}^n$ の元 $e_{k+1}, \cdots, e_n$ で, 先の W の基底と合わせた $e_1, e_2, \cdots, e_n$ が $\boldsymbol{C}^n$ の基底となるものが存在する. 一方, $gl(n,\boldsymbol{C})$ は, $\boldsymbol{C}$ を要素とする $n \times n$ 行列全体からなり, $\boldsymbol{C}^n$ 上のすべての線形変換のなす集合である. したがって, e_1 を e_n にうつし, $e_2, e_3, \cdots, e_n$ を 0 にうつすような線形変換 f も $gl(n,\boldsymbol{C})$ の元である. しかし, これは W が V の不変部分空間であることに矛盾している. どの仮定が悪かったかというと, W の次元が 1 以上 $n-1$ 以下と仮定したために f という変換が定義できて,

矛盾が生じたので，実際にはこのような W は存在せず，自然表現が既約表現であることがわかる．

3.5.8 対数写像

G の単位元の接ベクトル空間である g の 0 ベクトルの十分小さい近傍 U に対し，指数写像 $\exp : g \to G$ は，U から U の $\exp$ による像への 1 対 1 写像となる．この対応により，G の単位元に十分近い元 x に対し，$\exp$ による逆像 $\exp^{-1}(x) \in g$ が定まる．この対応は，実際に $GL(n, \boldsymbol{R})$ では，行列の対数をとる写像になっている．x を，$GL(n, \boldsymbol{R})$ の単位元に近い元とすると，

$$\log(x) = (x-I) - \frac{(x-I)^2}{2} + \frac{(x-I)^3}{3} - \cdots + (-1)^{k-1}\frac{(x-I)^k}{k} + \cdots$$

により，単位元の近くでの $\exp$ の逆写像が定義される．この行列の級数は，x が単位元に十分近ければ収束する．

3.5.9 リー群の表現に対応するリー環の表現

g がリー群 G に対応するリー環とすると，リー群の線形表現からリー環の線形表現をつくることができる．まず，ρ を G の線形表現とし，V をその表現空間とする．このとき，リー環 g から $\mathrm{End}(V)$ への線形写像 ρ' を次で定める．

$$\rho'(A) = \frac{\log(\rho(\exp(tA)))}{t}$$

ただし，t は，上式で $\log$ が定義できるような十分小さな数とする．また，$\rho'(A)$ が，$\rho(\exp(tA))$ で定義される，$GL(V)$ での単位元から進む軌跡の方向を表すことから，

$$\rho'(A) = \left.\frac{d}{dt}\log\rho(\exp(tA))\right|_{t=0}$$

と定義してもよい．このように ρ' を定義すると，

$$\rho(\exp tA) = \exp(t\rho'(A))$$

が成り立つ．ρ' を，ρ に対応するリー環の表現という．

注意： 逆に，リー環の表現に対応するリー群の表現があるかどうかは場合による．

3.5.10 双対表現,テンソル積表現

リー環の表現に対し,リー群の表現に対して考えたように,双対表現やテンソル積表現を考えることができる. ρ を, V を表現空間とするリー環 g の表現とする. V^* を V の双対空間とする.リー群の双対空間への表現から g の表現を定義してみよう.群については,双対空間への表現は,もとの表現の表現行列の逆行列の転置行列で定義された.リー環とリー群とは指数写像 exp で対応しているので,指数写像により逆行列の転置行列となる行列がどのようなものか調べてみよう.行列 A に対し, $\exp(A)$ の逆行列は

$$\exp(A)^{-1} = \exp(-A)$$

であり,また,転置行列についても

$$(\exp(A))^t = \exp(A^t)$$

が成り立つので,リー環に対しては V^* への表現は,もとの V への表現 ρ の表現行列のマイナスの転置行列で定義する. V の基底を $e_1, e_2, \cdots, e_n$ とし, $f_1, f_2, \cdots, f_n$ を対応する V^* の双対基底とする.このとき, g の元 x に対し, $\rho(x)$ の $e_1, e_2, \cdots, e_n$ に関する行列表示を A とするとき, V^* への表現 ρ^* を, $f_1, f_2, \cdots, f_n$ に関する行列表示が $-A^t$ となるものとして定義する.この写像がリー環としての表現になっていることを確かめてみよう. x, y に対応する表現 ρ の表現行列をそれぞれ A, B とすると,

$$\rho^*([x,y]) = -(AB - BA)^t = -(B^t A^t - A^t B^t)$$
$$= (-A^t)(-B^t) - (-B^t)(-A^t) = \rho^*(x)\rho^*(y) - \rho^*(y)\rho^*(x)$$

となるので,リー環の表現である.この表現を ρ の**双対表現**と呼ぶ.

今度は,テンソル積表現について考えてみよう. ρ_1, ρ_2 をそれぞれ V_1, V_2 を表現空間とする g の線形表現とする.このとき,群のときのように, $V_1 \otimes V_2$ を表現空間とする表現 $\rho_1 \otimes \rho_2$ を定義することができる. V_1 の基底を $e_1, e_2, \cdots, e_p$ とし, V_2 の基底を $f_1, f_2, \cdots, f_q$ とし,これらの基底に関する行列表示を考える. g の元 x に対し, $\rho_1(x)$ の行列表示を $A = (a_{ij})$, $\rho_2(x)$ の行

列表示を $B = (b_{ij})$ とする．このとき，テンソル積表現 $(\rho_1 \otimes \rho_2)(x)$ を

$$(\rho_1 \otimes \rho_2)(x) = A \otimes I_q + I_p \otimes B$$

によって定義する．ここで，I_p, I_q はそれぞれ $p \times p, q \times q$ の単位行列である．また，行列のテンソル積は，

$$(A \otimes B)(\boldsymbol{e}_i \otimes \boldsymbol{f}_j) = \sum_{k=1}^{p} \sum_{l=1}^{q} (a_{ki} b_{lj})(\boldsymbol{e}_k \otimes \boldsymbol{f}_l)$$

というように定義されている．なぜこうするかというと，指数写像でうつしたものが群の場合のテンソル積と対応するようにするためである．このことを確かめるために，$A \otimes I_q + I_p \otimes B$ の exp を計算してみよう．$A \otimes I_q$ と $I_p \otimes B$ とは，可換になるので，

$$\begin{aligned}
&\exp(A \otimes I_q + I_p \otimes B) \\
&= I_p \otimes I_q + A \otimes I_q + I_p \otimes B + \frac{1}{2}(A \otimes I_q + I_p \otimes B)^2 \\
&\quad + \frac{1}{3!}(A \otimes I_q + I_p \otimes B)^3 + \cdots \\
&= I_p \otimes I_q + A \otimes I_q + \frac{1}{2} A^2 \otimes I_q + \frac{1}{3!} A^3 \otimes I_q + \cdots \\
&\quad + I_p \otimes B + \frac{2}{2} A \otimes B + \frac{3}{3!} A^2 \otimes B + \cdots \\
&\quad + \frac{1}{2} I_p \otimes B^2 + \frac{3}{3!} A \otimes B^2 + \cdots \\
&\quad \cdots\cdots \\
&= \exp(A) \otimes \exp(B)
\end{aligned}$$

となり，指数写像でうつすと，$\exp(A)$ と $\exp(B)$ とのテンソル積となって，群のテンソル積の定義に対応するようになっている．

念のため，この g から $\mathrm{End}(V_1 \otimes V_1)$ への写像 $\rho_1 \otimes \rho_2$ がリー環の表現となっていることを確かめておこう．g の元 x, y に対し

$$(\rho_1 \otimes \rho_2)(xy - yx) = \rho_1(xy - yx) \otimes id_2 + id_1 \otimes \rho_2(xy - yx)$$

である．ただし，id_1, id_2 はそれぞれ V_1, V_2 の恒等変換である．また，

$$
\begin{aligned}
&(\rho_1 \otimes \rho_2)(x)\,(\rho_1 \otimes \rho_2)(y) - (\rho_1 \otimes \rho_2)(y)\,(\rho_1 \otimes \rho_2)(x) \\
&= (\rho_1(x) \otimes id_2 + id_1 \otimes \rho_2(x))\,(\rho_1(y) \otimes id_2 + id_1 \otimes \rho_2(y)) \\
&\quad - (\rho_1(y) \otimes id_2 + id_1 \otimes \rho_2(y))\,(\rho_1(x) \otimes id_2 + id_1 \otimes \rho_2(x)) \\
&= (\rho_1(x)\,\rho_1(y)) \otimes id_2 + \rho_1(x) \otimes \rho_2(y) + \rho_1(y) \otimes \rho_2(x) \\
&\quad + id_1 \otimes (\rho_2(x)\,\rho_2(y)) - (\rho_1(y)\,\rho_1(x)) \otimes id_2 - \rho_1(y) \otimes \rho_2(x) \\
&\quad - \rho_1(x) \otimes \rho_2(y) - id_1 \otimes (\rho_2(y)\,\rho_2(x)) \\
&= (\rho_1(x)\,\rho_1(y)) \otimes id_2 + id_1 \otimes (\rho_2(x)\,\rho_2(y)) \\
&\quad - (\rho_1(y)\,\rho_1(x)) \otimes id_2 - id_1 \otimes (\rho_2(y)\,\rho_2(x)) \\
&= (\rho_1 \otimes \rho_2)(x\,y - y\,x)
\end{aligned}
$$

となるので，リー環の表現となっている．

3.5.11 $gl(2, C)$ の表現

リー群 $GL(2, C)$ の表現からリー環 $gl(2, C)$ の表現が構成できる．$gl(2, C)$ の元が 2×2 の行列として C^2 に作用するのが $GL(2, C)$ の自然表現に対応する表現となるので，この表現を $gl(2, C)$ の**自然表現**と呼ぶ．また，$GL(2, C)$ の自然表現からその対称テンソル積表現が定義されたが，この表現に対応する $gl(2, C)$ の表現も構成される．

3.6 もっとも基本的なリー環 $sl(2, C)$

3.6.1 定義

リー環のなかで，積 $[x, y]$ が常に 0 とは限らないようなもっとも簡単なリー環は，3次元のリー環である $sl(2, C)$ と呼ばれるものである．これは，2×2 行列全体 $M_2(C)$ のうちトレース（対角成分の和）が 0 となるもの全体がなすリー環のことである．

3.6 もっとも基本的なリー環 $sl(2,\boldsymbol{C})$

$$sl(2,\boldsymbol{C}) = \left\{ \begin{pmatrix} a & b \\ c & d \end{pmatrix} \,\middle|\, a+d=0 \right\}$$

$sl(2,\boldsymbol{C})$ の 2 つの元 x,y に対し,そのリー環としての積 $[x,y]$ のトレースは 0 となるので,ふたたび $sl(2,\boldsymbol{C})$ の元となり,$sl(2,\boldsymbol{C})$ はリー環となる.トレースが 0 となる行列の指数写像による像は行列式が 1 の行列となり,$sl(2,\boldsymbol{C})$ はリー群 $SL(2,\boldsymbol{C})$ の単位元の接ベクトル空間のなすリー環となっている.

3.6.2 生成元と関係式

表現など $sl(2,\boldsymbol{C})$ の性質を調べるのに一般の元 $\begin{pmatrix} a & b \\ c & d \end{pmatrix}$ について調べるのもよいが,ときとして複雑になり,何が本質的なのかよくわからないこともある.そこで,$sl(2,\boldsymbol{C})$ に限らず,一般の代数系に対しそれを生成する部分集合を見つけだし,その集合の元(生成元と呼ばれる)について調べて全体の様子を類推することがよく行われる.$sl(2,\boldsymbol{C})$ は線形空間としてみると 3 次元である.基底のとり方は,もちろんいろいろあるのだが,次の 3 つの元 H,E,F からなる基底がよく使われる.

$$H = \begin{pmatrix} 1 & 0 \\ 0 & -1 \end{pmatrix}, \quad E = \begin{pmatrix} 0 & 1 \\ 0 & 0 \end{pmatrix}, \quad F = \begin{pmatrix} 0 & 0 \\ 1 & 0 \end{pmatrix}$$

これら 3 つの元の間には次の関係式が成り立つ.

$$[H,E] = 2E, \quad [H,F] = -2F, \quad [E,F] = H$$

この最後の関係式より,$sl(2,\boldsymbol{C})$ はリー環としては E,F の 2 元から生成されることがわかるが,H も,E と F に対するリー環の積としての作用がスカラー倍になるという特別な性質をもつ重要な元なので,H,E,F という 3 つの元を用いて $sl(2,\boldsymbol{C})$ を研究することが多い.

ついでに $gl(2,\boldsymbol{C})$ の生成元と関係式についても述べておこう.$gl(2,\boldsymbol{C})$ は $sl(2,\boldsymbol{C})$ を含んでおり,$sl(2,\boldsymbol{C})$ の基底 H,E,F に

$$c = \begin{pmatrix} 1 & 0 \\ 0 & 1 \end{pmatrix}$$

を加えた 4 つの元が基底をなす. さらに, c はスカラー行列であり, $gl(2, C)$ のすべての元に対し, リー積をとると 0 になる. なお, このように 2 つの元のリー積が 0 となるとき, この 2 つの元は**可換**であるともいう.

3.6.3 $sl(2, C)$ の表現

$sl(2, C)$ は $gl(2, C)$ の部分リー環なので, $gl(2, C)$ の表現を $sl(2, C)$ に制限したものは $sl(2, C)$ の表現となる. $gl(2, C)$ の自然表現を $sl(2, C)$ に制限したものを ρ と書き, ρ の n 階対称テンソル積表現を ρ_n と書く.

自然表現 ρ の n 次対称テンソル積表現 ρ_n における生成元の表現行列を具体的に調べてみよう. ρ_n の表現空間は自然表現の表現空間 $V = C^2$ の n 次対称テンソル積空間 $S^n(V)$ である. V の標準基底を v_1, v_2 とする. v_1, v_2 に関する生成元の作用が

$$H v_1 = v_1, \quad H v_2 = -v_2$$
$$E v_1 = 0, \quad E v_2 = v_1$$
$$F v_1 = v_2, \quad F v_2 = 0$$

となるので, これから, $S^n(V)$ への作用を決定しよう. $v_k^{(n)}$ を, v_1 を $n-k$ 個, v_2 を k 個テンソル積してできる項すべて(全部で ${}_n C_k$ 項ある)を足したものとする. たとえば, $n = 4$, $k = 2$ のときは,

$$v_2^{(4)} = v_1 \otimes v_1 \otimes v_2 \otimes v_2 + v_1 \otimes v_2 \otimes v_1 \otimes v_2 + v_1 \otimes v_2 \otimes v_2 \otimes v_1$$
$$+ v_2 \otimes v_1 \otimes v_1 \otimes v_2 + v_2 \otimes v_1 \otimes v_2 \otimes v_1 + v_2 \otimes v_2 \otimes v_1 \otimes v_1$$

である. このとき, $v_0^{(n)}, v_1^{(n)}, \cdots, v_n^{(n)}$ は, $S^n(V)$ の基底となる. この基底に関する作用は,

$$H v_k^{(n)} = ((n-k) + (-k)) v_k^{(n)}$$
$$E v_k^{(n)} = (n-k+1) v_{k-1}^{(n)}$$
$$F v_k^{(n)} = (k+1) v_{k+1}^{(n)}$$

となる. 次の例で, なぜこのような係数が出てくるのかをみてみよう. n が一

3.6 もっとも基本的なリー環 $sl(2, \boldsymbol{C})$

般の場合もまったく同様である. $\boldsymbol{v}_2^{(3)}$ への作用をみてみる. H の $\boldsymbol{v}_2^{(3)}$ への作用は,

$$
\begin{aligned}
& H\left(\boldsymbol{v}_1 \otimes \boldsymbol{v}_2 \otimes \boldsymbol{v}_2 + \boldsymbol{v}_2 \otimes \boldsymbol{v}_1 \otimes \boldsymbol{v}_2 + \boldsymbol{v}_2 \otimes \boldsymbol{v}_2 \otimes \boldsymbol{v}_1\right) \\
& = (H\boldsymbol{v}_1) \otimes \boldsymbol{v}_2 \otimes \boldsymbol{v}_2 + \boldsymbol{v}_1 \otimes (H\boldsymbol{v}_2) \otimes \boldsymbol{v}_2 + \boldsymbol{v}_1 \otimes \boldsymbol{v}_2 \otimes (H\boldsymbol{v}_2) \\
& \quad + (H\boldsymbol{v}_2) \otimes \boldsymbol{v}_1 \otimes \boldsymbol{v}_2 + \boldsymbol{v}_2 \otimes (H\boldsymbol{v}_1) \otimes \boldsymbol{v}_2 + \boldsymbol{v}_2 \otimes \boldsymbol{v}_1 \otimes (H\boldsymbol{v}_2) \\
& \quad + (H\boldsymbol{v}_2) \otimes \boldsymbol{v}_2 \otimes \boldsymbol{v}_1 + \boldsymbol{v}_2 \otimes (H\boldsymbol{v}_2) \otimes \boldsymbol{v}_1 + \boldsymbol{v}_2 \otimes \boldsymbol{v}_2 \otimes (H\boldsymbol{v}_1) \\
& = \boldsymbol{v}_2^{(3)} - \boldsymbol{v}_2^{(3)} - \boldsymbol{v}_2^{(3)} \\
& = -\boldsymbol{v}_2^{(3)}
\end{aligned}
$$

となる. E の $\boldsymbol{v}_2^{(3)}$ への作用は,

$$
\begin{aligned}
E\boldsymbol{v}_2^{(3)} & = E\left(\boldsymbol{v}_1 \otimes \boldsymbol{v}_2 \otimes \boldsymbol{v}_2 + \boldsymbol{v}_2 \otimes \boldsymbol{v}_1 \otimes \boldsymbol{v}_2 + \boldsymbol{v}_2 \otimes \boldsymbol{v}_2 \otimes \boldsymbol{v}_1\right) \\
& = \left(\boldsymbol{v}_1 \otimes \boldsymbol{v}_1 \otimes \boldsymbol{v}_2 + \boldsymbol{v}_1 \otimes \boldsymbol{v}_2 \otimes \boldsymbol{v}_1\right) \\
& \quad + \left(\boldsymbol{v}_1 \otimes \boldsymbol{v}_1 \otimes \boldsymbol{v}_2 + \boldsymbol{v}_2 \otimes \boldsymbol{v}_1 \otimes \boldsymbol{v}_1\right) \\
& \quad + \left(\boldsymbol{v}_1 \otimes \boldsymbol{v}_2 \otimes \boldsymbol{v}_1 + \boldsymbol{v}_2 \otimes \boldsymbol{v}_1 \otimes \boldsymbol{v}_1\right) \\
& = 2\left(\boldsymbol{v}_1 \otimes \boldsymbol{v}_1 \otimes \boldsymbol{v}_2 + \boldsymbol{v}_1 \otimes \boldsymbol{v}_2 \otimes \boldsymbol{v}_1 + \boldsymbol{v}_2 \otimes \boldsymbol{v}_1 \otimes \boldsymbol{v}_1\right) \\
& = 2\boldsymbol{v}_1^{(3)}
\end{aligned}
$$

となる. また, F の $\boldsymbol{v}_2^{(3)}$ への作用は,

$$
\begin{aligned}
F\boldsymbol{v}_2^{(3)} & = F\left(\boldsymbol{v}_1 \otimes \boldsymbol{v}_2 \otimes \boldsymbol{v}_2 + \boldsymbol{v}_2 \otimes \boldsymbol{v}_1 \otimes \boldsymbol{v}_2 + \boldsymbol{v}_2 \otimes \boldsymbol{v}_2 \otimes \boldsymbol{v}_1\right) \\
& = \boldsymbol{v}_2 \otimes \boldsymbol{v}_2 \otimes \boldsymbol{v}_2 + \boldsymbol{0} + \boldsymbol{0} + \boldsymbol{0} + \boldsymbol{v}_2 \otimes \boldsymbol{v}_2 \otimes \boldsymbol{v}_2 \\
& \quad + \boldsymbol{0} + \boldsymbol{0} + \boldsymbol{0} + \boldsymbol{v}_2 \otimes \boldsymbol{v}_2 \otimes \boldsymbol{v}_2 \\
& = 3\boldsymbol{v}_3^{(3)}
\end{aligned}
$$

となる. このようにして, $sl(2, \boldsymbol{C})$ の生成元 H, E, F の $S^n(V)$ への作用がわかる.

この作用により, $\rho_n(E)\rho_n(F) - \rho_n(F)\rho_n(E) = \rho_n(H)$ が成り立つことを確認してみよう.

$$(EF - FE)\,v_k^{(n)} = E\,(k+1)\,v_{k+1}^{(n)} - F\,(n-k+1)\,v_{k-1}^{(n)}$$
$$= (n-k)\,(k+1)\,v_k^{(n)} - k\,(n-k+1)\,v_k^{(n)}$$
$$= (n-2k)\,v_k^{(n)}$$
$$= H\,v_k^{(n)}$$

問題 表現 ρ_n で，
$$\rho_n(H)\,\rho_n(E) - \rho_n(E)\,\rho_n(H) = 2\,\rho_n(E)$$
$$\rho_n(H)\,\rho_n(F) - \rho_n(F)\,\rho_n(H) = -2\,\rho_n(F)$$
が成り立つことを確かめよ．

定理 ρ_n は既約表現である．また，$sl(2,\boldsymbol{C})$ の有限次元既約表現は，ある非負の整数 n に対する ρ_n に同値である．

証明 ρ を $sl(2,\boldsymbol{C})$ の既約表現とし，V をその表現空間とする．$\lambda \in \boldsymbol{C}$ に対し，λ が $\rho(H)$ の固有値の1つであるとき，対応する固有部分空間を V_λ とする．すなわち，
$$V_\lambda = \{v \in V \mid \rho(H)\,v = \lambda\,v\}$$
である．また，λ が $\rho(H)$ の固有値でないときは，$V_\lambda = \{\boldsymbol{0}\}$ とおく．

さて，μ を $\rho(H)$ の固有値の1つとする．$\rho(H)$ は $\boldsymbol{C}$ 上の線形空間 V 上の線形変換なので，少なくとも1つは固有値をもつのである．そして，v を V_μ の0でない元とする．このとき，ある負でない整数 m と n が存在して，
$$\{E^m v, E^{m-1} v, \cdots, E v, v, F v, \cdots, F^{n-1} v, F^n v\}$$
が V の基底となることが次のようにしてわかる．

まず，V は $sl(2,\boldsymbol{C})$ の既約表現なので，
$$V = \rho(sl(2,\boldsymbol{C}))\,v$$
となる．そこで，v に $sl(2,\boldsymbol{C})$ の生成元 H, E, F を作用させたときの様子を調べる．整数 i に対し，v_i を

3.6 もっとも基本的なリー環 $sl(2, \boldsymbol{C})$

$$v_i = \begin{cases} E^i \boldsymbol{v} & (i \geq 0) \\ F^{-i} \boldsymbol{v} & (i < 0) \end{cases}$$

とおく．このとき，次が成り立つ．

命題 v_i は $V_{\mu+2i}$ の元である．

証明 $i = 0$ の場合は $v_0 = \boldsymbol{v} \in V_\mu$ であり，成り立っている．$i > 0$ の場合を i に関する帰納法で証明しよう．$v_{i-1} \in V_{\mu+2(i-1)}$ が成り立っているとする．$HE - EH = 2E$ より，$H E^i \boldsymbol{v} = EH E^{i-1} \boldsymbol{v} + 2 E^i \boldsymbol{v}$ となるが，帰納法の仮定により，$E^{i-1} \boldsymbol{v} \in V_{\mu+2(i-1)}$ であるので，$H E^{i-1} \boldsymbol{v} = (\mu + 2(i-1)) E^{i-1} \boldsymbol{v}$ となる．よって，

$$H E^i \boldsymbol{v} = (\mu + 2(i-1)) E^{i-1} \boldsymbol{v} + 2 E^i \boldsymbol{v}$$
$$= (\mu + 2i) E^i \boldsymbol{v}$$

となり，$v_i = E^i \boldsymbol{v} \in V_{\mu+2i}$ となる．同様にして，$i < 0$ 場合も $v_i \in V_{\mu+2i}$ となる． 証明終

この命題より，異なる i に対し，v_i は $\rho(H)$ の異なる固有値に対応する固有部分空間に入るので，$\{v_i \mid i \in \boldsymbol{Z}\}$ の元で $\boldsymbol{0}$ でないものは 1 次独立である．すなわち，$\{v_i\}$ の $\boldsymbol{0}$ でない有限個の元の 1 次結合が $\boldsymbol{0}$ になったとすると，この 1 次結合の係数はすべて $\boldsymbol{0}$ でなければならない．このことは，$\{v_i \mid i \in \boldsymbol{Z}\}$ の張る V の部分空間の次元が，$\{v_i\}$ の $\boldsymbol{0}$ でない元の個数に一致することを示している．したがって，ある負でない整数 m と n で，$v_m \neq \boldsymbol{0}, v_{-n} \neq \boldsymbol{0}$，$v_k = \boldsymbol{0}$ $(k > m, k < -n)$ となるものが存在する．

さて，今度は，

$$\boldsymbol{u}_i = F^i v_m \quad (i = 0, 1, 2, \cdots)$$

とする．先の命題と同様にして，

$$\boldsymbol{u}_i \in V_{\mu+2m-2i}$$

となることがわかり，V が有限次元なことからある負でない整数 l で，$u_l \neq \boldsymbol{0}$,

$u_{l+1} = 0$ となるものが存在する．さらに，次の命題が成り立つ．

命題 E は u_i に次のように作用する．

$$E u_i = \begin{cases} i(\mu + 2m - i + 1) u_{i-1} & (i > 0) \\ 0 & (i = 0) \end{cases}$$

証明 i に関する数学的帰納法で証明する．まず，$i = 0$ のときは，$u_0 = v_m$ で，m の決め方から，$E v_m = v_{m+1} = \mathbf{0}$ である．次に，$i - 1$ で命題が成り立つとして，i の場合に証明する．$u_i = F u_{i-1}$ なので，

$$\begin{aligned}
E u_i &= E F u_{i-1} \\
&= F E u_{i-1} + H u_{i-1} \\
&= (i-1)(\mu + 2m - i + 2) F u_{i-2} + (\mu + 2m - 2(i-1)) u_{i-1} \\
&= ((i-1)(\mu + 2m - i + 2) + \mu + 2m - 2(i-1)) u_{i-1} \\
&= (i\mu + 2im - i^2 + i) u_{i-1} \\
&= i(\mu + 2m - i + 1) u_{i-1}
\end{aligned}$$

となり，i の場合にも命題が成立する． **証明終**

さて，この証明から

$$E F u_l = (l+1)(\mu + 2m - l) u_l$$

となるが，$F u_l$ は，l についての条件より，$\mathbf{0}$ であるので

$$l = \mu + 2m$$

となる．この条件は，l が負でない整数であることより，μ が整数であることと，$m \geq -\mu$ であることがわかる．また，u_l が $\mathbf{0}$ でないことより $u_0, u_1, \cdots, u_l$ はすべて $\mathbf{0}$ でないこともわかる．W を $u_0, u_1, \cdots, u_l$ で生成される V の部分空間とする．上で述べてきたことから，$u_0, u_1, \cdots, u_l$ への H, E, F は，図 3.2 のように表すことができる．この様子から，W は既約表現である

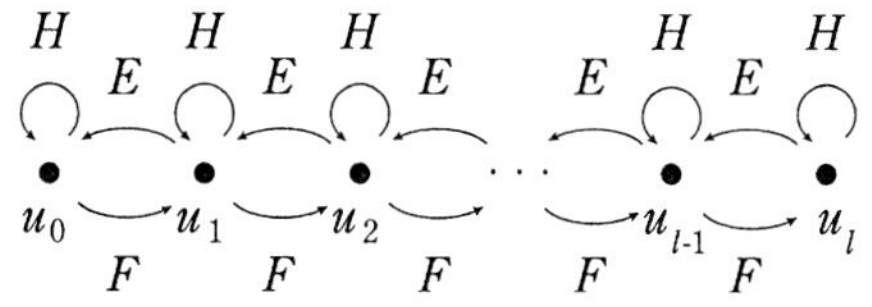

図 3.2 H, E, F の W への作用

ことがわかるので,$V = W$ となる.また,この表現は,l 階の対称テンソル積表現と同値な表現であることも,p.124 の $v_k^{(n)}$ に $u_k/k!$ を対応させることによりわかる.

定理の証明終

3.7 リー環の展開環

3.7.1 テンソル積代数

リー環の積は,リー積という特別な積であるが,$sl(2, \boldsymbol{C})$ などでは行列の普通の積を使って,

$$[x, y] = xy - yx$$

と定義された.そこで,一般のリー環についても,リー積を上のように普通の結合環の積のように考えられるようにしてみよう.一般のリー環では,行列の積にあたるものはないのであるが,テンソル積を使ってテンソル代数というものを定義し,そこからリー積との関係を定義する.V を $\boldsymbol{R}$ または $\boldsymbol{C}$ 上定義された線形空間とする.この $\boldsymbol{R}$ または $\boldsymbol{C}$ のことを V の定義体と呼ぶ.$T^n(V)$ を,以前定義したように,n 階のテンソル積とする.つまり,V の n 個の元のテンソル積で張られる空間である.また,$T^0(V)$ を,V の定義体 $\boldsymbol{R}$ または $\boldsymbol{C}$ とする.さらに

$$T^{\bullet}(V) = \bigoplus_{n=0}^{\infty} T^n(V)$$

とする.$T^n(V)$ の形式的な直和である.そして,$T^{\bullet}$ に次のように積を定義する.

$$x = x_1 \otimes x_2 \otimes \cdots \otimes x_n \in T^n(V) \quad (x_1, x_2, \cdots, x_n \in V)$$
$$y = y_1 \otimes y_2 \otimes \cdots \otimes y_m \in T^m(V) \quad (y_1, y_2, \cdots, y_m \in V)$$

に対し，

$$xy = x_1 \otimes x_2 \otimes \cdots \otimes x_n \otimes y_1 \otimes y_2 \otimes \cdots \otimes y_m \in T^{n+m}$$

とする．また，$T^0(V)$ の元は，V の定義体 ($\boldsymbol{R}, \boldsymbol{C}$ など) の元であり，スカラー倍により，$T^n(V)$ の元に対して積が定義される．この積により，$T^\bullet(V)$ は，群環のところで定義した線形環，つまり，線形空間でかつ積が定義されたものとなっている．これを V の生成する**テンソル積代数**と呼ぶ．この積では，$T^n(V)$ と $T^m(V)$ の元を掛けたものが $T^{n+m}(V)$ に入っているが，一般に，$T^n(V)$ のように非負の整数でパラメトライズされた部分空間の直和になっている．この整数を**次数**と呼び，このような性質をもつ環を**次数付きの環**という．また，$T^n(V)$ の元を次数 n の**斉次元**と呼び，$\bigoplus_{m=0}^n T^m(V)$ に含まれる元で，$T^n(V)$ 成分が 0 でないものを**次数 n の元**と呼ぶ．$T^\bullet(V)$ と似た次数付きの環の典型的な例として，1 変数の多項式環があげられる．多項式の次数が，次数付き環としての次数となる．さらに，多変数の多項式環では，各変数ごとの次数を区別して，複数の次数をもつ次数付きの環とみることもできる．

3.7.2　展開環の定義

リー環 g も線形空間なので，$T^\bullet(g)$ が考えられるが，これとリー環との対応を付けるため，次の関係式を $T^\bullet(g)$ に入れる．

$$x \otimes y - y \otimes x - [x, y] = 0 \quad (x, y \in g)$$

この関係を入れたものを $\mathcal{U}(g)$ と書き，リー環の**普遍展開環**あるいは**普遍包絡環**と呼ぶ．すなわち，$x \otimes y - y \otimes x - [x, y]$ で生成される $T^\bullet(g)$ のイデアルを I とし，

$$\mathcal{U}(g) = T^\bullet(g)/I$$

とするのである．$\mathcal{U}(g)$ においては，$x, y \in g$ について $xy - yx$ という元があったら，リー積 $[x, y]$ に置き換えてよいとするのである．ここで 1 つ注意し

ておかなければならないのは，もともと $T^\bullet(g)$ には，次数付きの環の構造が入っていたが，$xy - yx - [x,y]$ という関係式には，次数2の元 xy, yx と，次数1の元 $[x,y]$ とが含まれており，この関係式で割ることにより，次数は保たれなくなってしまう．たとえば，$xy - yx$ は，次数2の元にみえるが，一方 $[x,y]$ は次数1の元であり，次数が1か2かは決められない．しかし，次のようにして，$\mathcal{U}(g)$ に次数の概念を導入することができる．$T^\bullet(g)$ から $\mathcal{U}(g)$ への射影が存在するが，$\mathcal{U}_n(g)$ を，この射影による $\bigoplus_{k=0}^n T^k(g)$ の像とするのである．こうすると，$\mathcal{U}_n(g)$ は次を満たす．

(1) $\mathcal{U}_0 \subset \mathcal{U}_1 \subset \cdots \subset \mathcal{U}_k \subset \cdots \subset \mathcal{U}(g)$
(2) $\mathcal{U}_n(g)\mathcal{U}_m(g) \subset \mathcal{U}_{n+m}(g)$

一般に，このような次数が定義された線形環を**フィルター付きの環**と呼ぶ．

3.7.3 リー環の表現の拡張

リー環 g のある線形空間 V を表現空間とする線形表現 ρ は，普遍展開環 $\mathcal{U}(g)$ の表現に拡張することができる．まず，テンソル積代数の表現に拡張する．$T^0(g)$ の元は，スカラー（数）であるので，対応するスカラー行列，あるいはスカラー倍による作用で表現を定義する．$x_1 x_2 \cdots x_n \in T^n(g)$ $(x_1, x_2, \cdots, x_n \in g)$ については，$\rho(x_1)\rho(x_2) \cdots \rho(x_n)$ を対応させる．これにより，$T^\bullet(g)$ の $\mathrm{End}(V)$ への線形環としての準同型写像が定義される．このとき，ρ はリー環としての表現だったので，任意の $x, y \in g$ に対し，$\rho(x)\rho(y) - \rho(y)\rho(x) = \rho([x,y])$ が成り立つ．つまり，$\mathcal{U}(g)$ の定義イデアルの生成元に対しては0になるので，$T^\bullet(g)$ の $\mathrm{End}(V)$ への準同型写像は，$\mathcal{U}(g)$ からの準同型写像を引き起こす．これを ρ に対応する **$\mathcal{U}(g)$ の表現**と呼び，同じ記号 ρ で表す．

3.7.4 $sl(2, \boldsymbol{C})$ の展開環

リー環 $g = sl(2, \boldsymbol{C})$ の展開環について調べてみる．まず，このテンソル積代数がどんなものかみてみよう．$T^\bullet(g)$ は，$T^0(g) = \boldsymbol{C}$，$T^1(g) = \langle H, E, F \rangle_{\boldsymbol{C}}$ (H, E, F で張られる $\boldsymbol{C}$ 上の線型空間)，$T^2(g) = \langle H^2, E^2, F^2, HE, HF, EH, FH, EF, FE \rangle_{\boldsymbol{C}}, \cdots$ である．ここで，$\langle \boldsymbol{x}_1, \boldsymbol{x}_2, \cdots \rangle_{\boldsymbol{C}}$ は，$\boldsymbol{x}_1, \boldsymbol{x}_2, \cdots$ を基底とする線形空間を表している．そして，$T^n(g)$ は，H，E，

F から，重複を許して n 個選んで並べたものの1次結合である．したがって，$T^\bullet(g)$ の元は，H, E, F に関する非可換多項式とみなせる．ここで，非可換とは，変数 H, E, F が，互いに交換可能でないことを意味している．

さらに，$\mathcal{U}(g)$ は，$T^\bullet(g)$ を，$xy - yx - [x,y]$ $(x, y \in g)$ で割ったものであるが，この x, y としては，g の基底だけ考えれば十分である．また，$x = y$ のときは，$xy - yx = 0, [x, y] = 0$ となり，$xy - yx - [x,y] = 0$ となるので，次の関係式だけ考えれば十分である．

$$HE - EH - 2E = 0$$
$$HF - FH + 2F = 0$$
$$EF - FE - H = 0$$

すなわち，

$$\mathcal{U}(sl(2, \mathbf{C}))$$
$$= \mathbf{C}\langle H, E, F\rangle / (HE - EH - 2E, HF - FH + 2F, EF - FE - H)$$

ここで，$\mathbf{C}\langle H, E, F\rangle$ は，H, E, F で生成される非可換多項式環を表している．

以下では，簡単のため，$sl(2, \mathbf{C})$ の展開環 $\mathcal{U}(sl(2, \mathbf{C}))$ のことを $\mathcal{U}(sl_2)$ とも書くことにする．$\mathcal{U}(sl_2)$ の関係式から，$\mathcal{U}(sl_2)$ のなかでは，次のような置き換えができる．

$$EH = HE + 2E, \quad HF = FH + 2F, \quad EF = FE + H$$

これより，$\mathcal{U}(sl_2)$ の元は，

$$F^p H^q E^r \quad (p, q, r \geq 0)$$

という形の元の一次結合で書けることがわかる．

3.8 中心化環

3.8.1 作用と可換な自己準同型のなす線形環 $\mathrm{End}_g(V)$

この節の目標は，中心化環，とくに $sl(2, \mathbf{C})$ の自然表現のテンソル積表現に関する中心化環について調べることである．そのために，多少の準備が必要で

ある．以下では，すべて C 上の線形空間について考えるものとする．g をリー環とし，ρ を，C 上の線形空間 V を表現空間とする g の線形表現とする．このとき，V 上の線形変換で，ρ による g の作用と交換可能な元の全体が，線形環となるので，これを ρ に関する中心化環と呼び，$\mathrm{End}_g(V)$ と書く．

$$\mathrm{End}_g(V) = \{x \in \mathrm{End}(V) \mid 任意の\ y \in g\ に対し，x\,\rho(y) = \rho(y)\,x\}$$

ρ が既約表現の直和と同値な表現であるとき，$\mathrm{End}_g(V)$ の構造はシューアの補題から決定できる．シューアの補題とは，次の命題である．

命題（シューアの補題） リー環 g の C 上の 2 つの既約表現 ρ_1, ρ_2 と，その表現空間 V_1, V_2 に対し，V_1 から V_2 への線形写像で，g の作用と可換なものの全体は，ρ_1 と ρ_2 が同値な表現のときは，1 次元の線形空間となり，同値でないときは，0 写像のみとなる．すなわち，

$\mathrm{Hom}_g(V_1, V_2)$
$= \{f : V_1 \to V_2, 線形写像 \mid 任意の\ x \in g, v \in V_1\ に対し，$
$f(\rho_1(x)\,v) = \rho_2(x)\,f(v)\}$

とすると，

$$\mathrm{Hom}_g(V_1, V_2) \cong \begin{cases} C & (\rho_1\ と\ \rho_2\ が同値な表現のとき) \\ \{0\} & (\rho_1\ と\ \rho_2\ が同値な表現でないとき) \end{cases}$$

である．

証明 $\mathrm{Hom}_g(V_1, V_2)$ の元 f に対し，$\mathrm{Im}f$ や $\mathrm{Ker}f$ は g 不変な部分線形空間となるが，ρ_1, ρ_2 は共に既約表現なので，f が 0 写像でないとすると，同型写像となり，任意の $x \in g$ に対し，

$$\rho_2(x) = f\,\rho_1(x)\,f^{-1}$$

となる．これは，ρ_1 と ρ_2 が同値な表現となることを意味している．すなわち，ρ_1 と ρ_2 が同値でないときは，$\mathrm{Hom}_g(V_1, V_2)$ の元は 0 しかない．

逆に，ρ_1 と ρ_2 が同値な表現とし，その間の対応を与える写像を f としよう．このとき，$\mathrm{Hom}_g(V_1, V_2)$ の任意の元 f' に対し，$h = f^{-1} f'$ とすると，$h \in \mathrm{End}_g(V_1)$ である．h は $\mathbf{C}$ 上の線形空間 V_1 の線形変換なので，ある固有値 λ が存在する．λ に関する V_1 の固有部分空間を V_λ とする．すなわち，

$$V_\lambda = \{v \in V_1 \mid h\,v = \lambda\,v\}$$

である．このとき，$h \in \mathrm{End}_g(V_1)$ より，任意の $x \in g$ に対し，$x\,h = h\,x$ となるので，$v \in V_\lambda$ に対し，

$$(h\,x)(v) = (x, h)(v) = x\,(\lambda\,v) = \lambda\,(x\,v)$$

となり，$x\,v \in V_\lambda$ となる．これは，V_λ が g の作用で不変な部分空間となっていることを示している．V_λ には 0 ベクトル以外の元が存在し，ρ_1 は既約表現であったので，$V_\lambda = V_1$ となる．よって，h は λ に対応するスカラー行列となり，

$$f' = \lambda f$$

となる．この λ により，$\mathrm{Hom}_g(V_1, V_2)$ から $\mathbf{C}$ への写像を定義すると，これは線形空間としての同型写像となる．　　　　　　　　　　　　　　　証明終

3.8.2　$\mathrm{End}_g(V)$ の構造

ρ を，リー環 g の $\mathbf{C}$ 上の線形空間 V を表現空間とする表現とする．ρ が既約表現の直和になっているとすると，$\mathrm{End}_g(V)$ の構造を決定することができる．V は，

$$V = V_1 \oplus V_2 \oplus \cdots \oplus V_k$$

と，不変部分空間の直和に分解され，ρ を V_i に制限した表現 ρ_i は既約とする．このとき，$\rho_1, \rho_2, \cdots, \rho_k$ を並べ替え，同値な表現が並ぶようにして，同値な表現をまとめて，次のように書く．

$$\rho = m_1 \rho_1 \oplus m_2 \rho_2 \oplus \cdots \oplus m_n \rho_n$$

ここで，$\rho_1, \rho_2, \cdots, \rho_n$ は，互いに同値でない g の既約表現であり，m_i は，ρ を既約表現に分解したときに ρ_i と同値な表現が何個出てくるかを表す**重複度**

と呼ばれる非負の整数である．このとき，$\mathrm{End}_g(V)$ について，次が成り立つ．

定理 $\mathrm{End}_g(V) \cong M_{m_1}(\boldsymbol{C}) \oplus M_{m_2}(\boldsymbol{C}) \oplus \cdots \oplus M_{m_n}(\boldsymbol{C})$ である．つまり，V 上の表現 ρ が，n 個の互いに同値でない既約表現により，重複度 $m_1, m_2, \cdots, m_n$ で分解されるときは，$\mathrm{End}_g(V)$ は，サイズが重複度と一致する $\boldsymbol{C}$ 上の全行列環の直和と同型になる．

証明 この定理は，シューアの補題からの重要な帰結である．この証明は，決して高度なものではないが，何らかの技巧を凝らさないと上手に証明できないので，ここでは，概略だけを述べる．詳しい証明は，文献 [3] に述べられている．リー環ではなく結合環の場合に説明してあるが，本質的には同じことである．まず，同値でない表現空間の間には，0 写像以外に，g の作用と可換になる準同型はないので，$n=1$ の場合の証明に帰着される．そこで，V がある既約表現空間 W の m 個の直和とする．すなわち，

$$V = V_1 \oplus V_2 \oplus \cdots \oplus V_m$$

で，各 V_i は W と同型とする．このとき，V_i から V_j への g-準同型はシューアの補題によりスカラー行列しかないので，V から V への g-準同型は ij-成分がこのスカラーになるような行列と対応するのである．この対応を正確にみるにはもう少し議論が必要だが，証明の方針はこれでわかることと思う． 証明終

3.8.3 テンソル積表現の中心化環

以下では，$sl(2, \boldsymbol{C})$ の自然表現のテンソル積表現についての中心化環について述べる．まず，ρ を，リー環 g の線形空間 V 上の表現としたときの，そのテンソル積表現の中心化環と対称群との関係について説明しよう．ρ_n により，$T^n(V)$ 上の ρ の n 階テンソル積表現を表す．このとき，対称群 S_n が $T^n(V)$ に次のように作用する．s_i を S_n の互換 $(i, i+1)$ とする．S_n は，$s_1, s_2, \cdots, s_{n-1}$ で生成されている．このとき，s_i の $T^n(V)$ への作用を次で定義する．

$$s_i \cdot (\boldsymbol{x}_1 \otimes \cdots \otimes \boldsymbol{x}_{i-1} \otimes \underline{\boldsymbol{x}_i \otimes \boldsymbol{x}_{i+1}} \otimes \boldsymbol{x}_{i+2} \otimes \cdots \otimes \boldsymbol{x}_n)$$
$$= \boldsymbol{x}_1 \otimes \cdots \otimes \boldsymbol{x}_{i-1} \otimes \underline{\boldsymbol{x}_{i+1} \otimes \boldsymbol{x}_i} \otimes \boldsymbol{x}_{i+2} \otimes \cdots \otimes \boldsymbol{x}_n$$

つまり, s_i は, テンソル積の第 i 項と第 $i+1$ 項とを入れ替えるのである. この作用により, S_n の元は, その元に対応する置換で, テンソル積の各項を入れ換えることにより, $T^n(V)$ に作用する. この作用は, 線形変換となり, S_n の $T^n(V)$ 上の表現を定める. この表現を π_n と書くことにする.

さて, リー環 g の任意の元 x の $T^n(V)$ への作用は,

$$\rho_n(x) = \rho(x) \otimes id \otimes \cdots \otimes id + id \otimes \rho(x) \otimes \cdots \otimes id + \cdots + id \otimes id \otimes \cdots \otimes \rho(x)$$

であり, テンソル積の項を入れ替えても不変である. したがって, g の作用と S_n の作用とは可換になる. すなわち, 任意の g の元 x と, S_n の元 σ に対し,

$$\pi_n(\sigma)\rho_n(x) = \rho_n(x)\pi_n(\sigma)$$

が成り立つ.

この S_n の $T^n(V)$ への作用を図 3.3 のように表す. まず, 表現空間 V を線で表すことにする. そして, $T^n(V)$ を, n 本の線を並べたものとする. このとき, s_i を, 図のような, i 番目と $i+1$ 番目の線が交差した図に対応させる. そして, S_n の積に対し, このような図を縦につないでいったものを対応させると, この図において, どの上の点がどの下の点に線でつながれているかという対応が, 対応する S_n の元の置換を表しているのである.

あみだくじによる置換の表示

n 次対称群は, あみだくじでも表現できる. 説明の必要もないと思うが, あみだくじではまず n 本の線を縦に平行にひく. そして横線で隣り合う線を結んでいくのである（途中縦線をとばしていけるようにするなどの変形バージョンは考えない）. このとき, i 番目と $i+1$ 番目の縦線を結ぶ横線が, 互換 $(i, i+1)$ に対応しているのである.

さて, $t_i = \pi_n(s_i)$ とする. $t_i^2 = id$ なので, t_i の固有値は 1 と -1 である. そこで,

$$f_i = id - s_i$$

3.8 中心化環

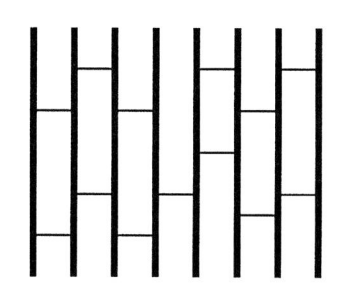

$$V\otimes \cdots \otimes V\otimes \quad V\otimes V \quad \otimes V\otimes \cdots \otimes V$$

（図：縦線と交差）

$$V\otimes \cdots \otimes V\otimes \quad V\otimes V \quad \otimes V\otimes \cdots \otimes V$$

図 **3.3**　互換 s_i の図による表示

図 **3.4**　あみだくじ

とおくと，f_i の固有値は 0 と 2 となり，

$$f_i{}^2 = (id - t_i)^2 = id - 2\,t_i + t_i{}^2 = 2\,(id - t_i) = 2\,f_i$$

が成り立つ．また，

$$t_i\,t_{i+1}\,t_i = t_{i+1}\,t_i\,t_{i+1}$$

に，$t_i = id - f_i$ を代入すると，

$$(id - f_i)\,(id - f_{i+1})\,(id - f_i) = (id - f_{i+1})\,(id - f_i)\,(id - f_{i+1})$$
$$id - 2\,f_i - f_{i+1} + f_i\,f_{i+1} + f_{i+1}\,f_i + f_i{}^2 - f_i\,f_{i+1}\,f_i$$
$$= id - 2\,f_{i+1} - f_i + f_{i+1}\,f_i + f_i\,f_{i+1} + f_{i+1}{}^2 - f_{i+1}\,f_i\,f_{i+1}$$
$$- f_{i+1} - f_i\,f_{i+1}\,f_i = -f_i - f_{i+1}\,f_i\,f_{i+1}$$

となり

$$f_i - f_i\,f_{i+1}\,f_i = f_{i+1} - f_{i+1}\,f_i\,f_{i+1}$$

が成り立つ．

3.8.4 $sl(2, C)$ の場合

ここまでは，一般の表現について成り立つ性質を述べてきたが，ここからは，$g = sl(2, C)$ で，ρ がその自然表現の場合について述べる．この場合，ρ の表現空間 V は，C 上の2次元のベクトル空間 C^2 である．t_i, f_i を本節で定義された $\text{End}_g(T^n(V))$ の元としよう．そして，A_n を $t_1, t_2, \cdots, t_{n-1}$ で生成される $\text{End}_g(T^n(V))$ の部分線形環とする．このとき次が成り立つ．

定理　$\text{End}_g(T^n(V))$ は A_n と等しい．

この事実は，量子展開環と結び目の不変量との関係をみる際には必要でないので証明はしない．そのかわりというわけではないが，$sl(2, C)$ の自然表現の場合に特有な次の関係式を示そう．

命題　$f_i f_{i+1} f_i = f_i f_{i-1} f_i = f_i$ が成り立つ．

証明　$T^n(V)$ の基底への作用を調べて証明する．$sl(2, C)$ の自然表現 ρ の表現空間 $V = C^2$ の標準基底を v_1, v_2 とする．このとき，$T^n(V)$ への f_i の作用は次のように書ける．ここで x, y はそれぞれ $T^{i-1}(V), T^{n-i-1}(V)$ の任意の元とする．

$$f_i(x \otimes v_1 \otimes v_1 \otimes y) = 0$$
$$f_i(x \otimes v_1 \otimes v_2 \otimes y) = x \otimes (v_1 \otimes v_2 - v_2 \otimes v_1) \otimes y$$
$$f_i(x \otimes v_2 \otimes v_1 \otimes y) = x \otimes (-v_1 \otimes v_2 + v_2 \otimes v_1) \otimes y$$
$$f_i(x \otimes v_2 \otimes v_2 \otimes y) = 0$$

このことを用いて，$f_i f_{i+1} f_i$ の作用を調べてみよう．$T^n(V)$ の基底は，v_1, v_2 を n 個並べたテンソル積で与えられるが，f_i, f_{i+1} の作用をみるには，i, $i+1, i+2$ 番目のところだけが関係してくる．そこで，ここのところが v_1 か v_2 かという8通りの場合について調べてみる．x, y をそれぞれ $T^{i-1}(V)$, $T^{n-i-2}(V)$ の元とすると，

$$f_i f_{i+1} f_i (x \otimes v_1 \otimes v_1 \otimes v_1 \otimes y) = 0 = f_i(x \otimes v_1 \otimes v_1 \otimes v_1 \otimes y)$$

$$f_i f_{i+1} f_i (x \otimes v_1 \otimes v_1 \otimes v_2 \otimes y) = 0 = f_i(x \otimes v_1 \otimes v_1 \otimes v_2 \otimes y)$$

3.8 中心化環

$$f_i f_{i+1} f_i (x \otimes v_1 \otimes v_2 \otimes v_1 \otimes y)$$
$$= f_i f_{i+1} (x \otimes (v_1 \otimes v_2 \otimes v_1 - v_2 \otimes v_1 \otimes v_1) \otimes y)$$
$$= f_i (x \otimes (v_1 \otimes v_2 \otimes v_1 - v_1 \otimes v_1 \otimes v_2) \otimes y)$$
$$= f_i (x \otimes v_1 \otimes v_2 \otimes v_1 \otimes y)$$

$$f_i f_{i+1} f_i (x \otimes v_1 \otimes v_2 \otimes v_2 \otimes y)$$
$$= f_i f_{i+1} (x \otimes (v_1 \otimes v_2 \otimes v_2 - v_2 \otimes v_1 \otimes v_2) \otimes y)$$
$$= f_i (x \otimes (-v_2 \otimes v_1 \otimes v_2 + v_2 \otimes v_2 \otimes v_1) \otimes y)$$
$$= x \otimes (v_1 \otimes v_2 \otimes v_2 - v_2 \otimes v_1 \otimes v_2) \otimes y$$
$$= f_i (x \otimes v_1 \otimes v_2 \otimes v_2 \otimes y)$$

v_1 と v_2 を入れ替えてもまったく同様の関係式が成り立つので，テンソル積の i 番目のところを v_2 とした場合についても同様の式が成り立ち，結局，$T^n(V)$ の基底に対して $f_i f_{i+1} f_i = f_i$ が成り立つことがわかる．$f_i f_{i-1} f_i = f_i$ も同様にして証明される． 証明終

以上のことから，A_n の生成元と関係式による表示が得られる．

命題 対称群の群環 CS_n の $\mathrm{End}_{sl(2,C)}(V)$ 中での像 A_n は，次を満たす．

$$A_n = \langle f_1, f_2, \cdots, f_{n-1} \mid f_i^2 = 2f_i, \quad f_i f_{i\pm 1} f_i = f_i \rangle_{C-\mathrm{alg}}$$

f_i の満たす関係式はすでに調べてあるので，A_n が右辺の C 上の線形環からの準同型の像になることはわかっている．あとは，この準同型が単射であることを示せばよい．この証明には対称群の表現についてなどの知識が必要となるのでここでは証明しない．対称群の表現については文献 [3] に詳しく述べられている．

A_n の構造をみるには，A_n の元を次のような図で表すとよくわかる（図 3.5）．対称群 S_n の互換 $s_i = (i, i+1)$ に対応する元 t_i は左図のように交差した線で表す．さらに，$f_i = id - t_i$ を，右図のように表すのである．このとき，f_i に

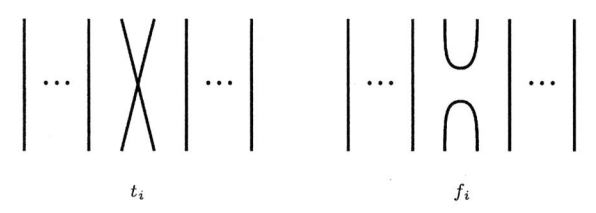

図 3.5　A_n の元 t_i, f_i

$f_i^2 = 2f_i$

$f_i f_{i+1} f_i = f_i$

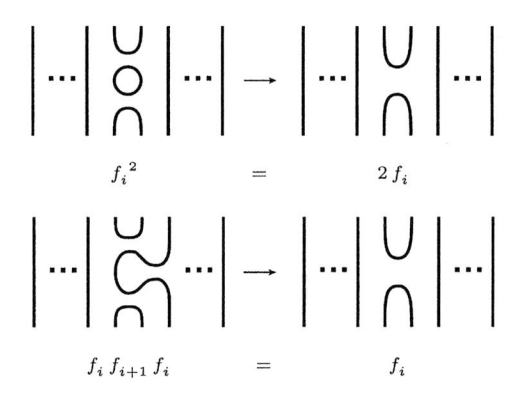

図 3.6　A_n の関係式

関する関係式を図の上でみることができる．まず，$f_i^2 = 2f_i$ という関係式は，図 3.6 の上図のように描け，丸が出てきたらその丸を取り除いて，かわりに 2 を掛ける，ということになるし，また，$f_i f_{i+1} f_i = f_i$ という関係式は，下図のようになり，線がグニャグニャ曲がったところはまっすぐにしてよいということを意味している．

以上のことを使うと，A_n の元は長方形の上辺と下辺とにそれぞれ n 個ずつ点をとり，これら計 $2n$ 個の点を，長方形のなかで，n 本の線で交わらないように結んだ図に対応する A_n の元の線形結合となることがわかる．このような長方形に対応する A_n の元は，長方形のなかの線がどの点とどの点を結んでいるかということのみで決まっている．このことから，A_n の次元は，長方形のまわりの $2n$ 個の点を n 本の線で交わらないように結ぶときの，どの点と点を結んでいくかという場合の数になる．

この場合の数を求めてみよう．まず，長方形のまわりの $2n$ 個の点のうちの

3.8 中心化環

1点 P_0 に注目し，P_0 がどの点と結ばれているかにより場合分けする．P_0 と結ぶことができる点というのは，周上この点との間に偶数個の点がある場合に限られる．さもないと，残りの点を結ぼうとするときに必ず交差が生じてしまう．P_1 を P_0 と結ばれている点とすると，長方形は，P_0 と P_1 を結ぶ線により，2つの部分に分けられる．この一方に含まれる周上の（P_0, P_1 とは異なる）点の個数を $2k$，他方に含まれる点の個数を $2(n-k-1)$ とする．そして，求めようとしている場合の数を f_n とすると，いま説明してきたことから，f_n は次の漸化式を満たす．

$$f_n = \sum_{k=0}^{n-1} f_k f_{n-k-1}, \quad f_0 = 1$$

n が小さいほうからいくつか計算してみよう．

$$f_1 = 1, \quad f_2 = 2, \quad f_3 = 5, \quad f_4 = 14, \quad f_5 = 42, \quad \cdots\cdots$$

ここまでの計算から一般項が何かを予想するのは難しいが，実は次が成り立つ．

命題 $f_n = \dfrac{{}_{2n}C_n}{n+1}$

証明 いろいろな証明法があるが，ここでは，母関数を用いたテクニックを使う．数列 $\{f_n\}_{n=0,1,2,\cdots}$ の母関数とは，f_n を係数とするべき級数の定める関数のことである．すなわち，次の関数 $F(x)$ が母関数である．

$$F(x) = \sum_{k=0}^{\infty} f_k x^k$$

f_n についての漸化式から，$F(x)$ は，次の関係式を満たす．

$$x F(x)^2 = F(x) - 1$$

この式をべき級数展開して両辺の係数を比較すると，f_n の満たす漸化式となる．さて，この式を $F(x)$ についての2次方程式とみて，解いてみると，

$$F(x) = \frac{1 - \sqrt{1-4x}}{2x}$$

となる．$\sqrt{1-4x}$ のべき級数展開は

$$\sqrt{1-4x} = 1 + \sum_{k=1}^{\infty}(-1)^k 4^k \frac{\prod_{p=1}^{k}(1/2-p+1)}{k!} x^k$$

となるので，$\dfrac{1-\sqrt{1-4x}}{2x}$ のべき級数展開は

$$\sum_{k=1}^{\infty}(-1)^{k-1} 4^k \frac{\prod_{p=1}^{k}(1/2-p+1)}{k!} \frac{x^{k-1}}{2}$$

$$= \sum_{k=0}^{\infty}(-1)^k 2^{k+1} \frac{\prod_{p=1}^{k+1}(3-2p)}{(k+1)!} \frac{x^k}{2}$$

$$= \sum_{k=0}^{\infty} \frac{2^k k! \prod_{p=1}^{k}(2k+1-2p)}{k!\,(k+1)!} x^k$$

$$= \sum_{k=0}^{\infty} \frac{(2k)!}{k!\,(k+1)!} x^k$$

$$= \sum_{k=0}^{\infty} \frac{1}{k+1} \binom{2k}{k} x^k$$

となり，これより $f_k = \dfrac{1}{k+1}\dbinom{2k}{k}$ となる．なお，厳密には，$F(x)$ のべき級数展開の収束性についても調べてみないといけないが，いまの場合，出てくるべき級数はみな正の収束半径をもつので，上記の計算はすべて意味のある計算となっている． 　　　　　　　　　　　　　　　　　　　　　　　　証明終

4

量子群（量子展開環）

4.1 量子群の導入

4.1.1 量子化

ようやく，量子群，あるいは量子展開環と呼ばれているものを定義する準備がととのった．量子展開環とは，その名のとおり，リー環の展開環を量子化したものである．そこで，量子展開環を定義する前に，量子化について説明しておこう．量子力学は，古典力学からみると，プランク定数 h という新たな定数が入っていて，この h が無視できるぐらい大きな世界では古典力学と同様の法則が成り立っている．逆にみると，量子力学で，h を 0 に近づけた極限が古典力学となっている．そこで，このように，新たなパラメータ h を導入して，ある理論を拡張し，$h \to 0$ の極限において，もとの理論が復元されるとき，このような理論の拡張を「**量子化**」と呼ぶことがある．この意味では，何らかの新たな変数を使った一般化は，たいてい量子化になっているわけだが，実際には，物理的に，何らかの系の古典系と，それを量子力学的にみた系との関係と対応しているときに，「量子化」と呼ぶことが多い．

4.1.2 対称性の量子化

量子力学が必要となるミクロの世界では，われわれが 3 次元空間から感じている幾何的な性質とは異なる性質が重要な役割を果たしているかもしれない．もし，このような性質が明らかとなれば，電磁気力などに加え，重力をも統一的に説明する「大統一理論」と呼ぶべきものができるはずなのであるが，残念ながら，まだこのような理論は得られていない．しかし，さまざまな理論を，量

子力学的な効果をも含むように一般化するという試みはいろいろとなされており，その1つの成果が量子展開環である．幾何的な対称性は，多くの場合，リー群で記述される．そして，その対称性の局所的な性質は，対応するリー環で記述される．このことを，量子力学的な効果を含むよう拡張する1つの方法は，リー群やリー環に対して，新たなパラメータを付け加えて何らかの方法で一般化することである．うまくいけば，ミクロの世界の対称性を記述する道具となると期待されるのであるが，残念ながら，リー群やリー環，正確には，$SL(n,\boldsymbol{C})$や，$SO(n,\boldsymbol{R})$ のような，半単純なリー群，リー環に対しては，この方法では本質的に新しいものを得ることができないことが知られている．つまり，新しい変数を付け加えたところで，もともとのリー群などで説明できなかった性質が，新たに説明できるようにはならないのである．

4.1.3 展開環の量子化

しかしながら，何らかの意味でミクロの対称性を記述するものはあるはずである．1980年代に神保とドリンフェルトは，独立に，リー環ではなくリー環の展開環に対して性質のよい量子化が構成できることを発見した．これは，リー環の展開環を新たなパラメータを導入して一般化したものであるが，次のような背景もあり量子化と呼ぶにふさわしいものである．

散乱理論

ものの構造を調べるのに，ある方向からX線などを当て，それがどの方向にどれだけ出てくるかをみて，これをいろいろな方向から調べて，内部の様子をある程度類推することができる．このとき，どのように類推できるかを数学的に研究する分野は散乱理論と呼ばれている．散乱理論の成果は，たとえば，人体の内部の様子を探るCTスキャンなど，幅広く応用されている．

さて，このような手法は，原子や素粒子の内部構造を調べるときにも使われている．ただ，ミクロのレベルで散乱理論を使うためには，量子化さ

れた理論を用いる必要がある．この量子化された散乱理論から，量子散乱行列や，量子 R-行列といったものが定義される．これは，粒子と粒子が，量子力学が必要となるミクロのレベルでぶつかったときの性質を記述しているものである．そして，この量子 R-行列のもつ対称性に，粒子の対称性の一部が含まれているはずなのであるが，リー環の展開環の量子化を用いると，この量子 R-行列の粒子の部分にあたる対称性が記述できる．このことから，量子展開環は，ミクロレベルでのある種の対称性を記述するものと考えられる．

それでは，量子展開環を定義しよう．といっても，簡単のため，$\mathcal{U}(sl_2)$ に対応する場合のみを定義する．一般の場合については，文献 [4] に詳しく解説されている．ここでの量子展開環の定義では，プランク定数に対応するパラメータ h のかわりに，$\exp(h)$ に対応するパラメータ q を用いる．したがって，$q \to 1$ の極限が古典的な場合，つまり $\mathcal{U}(sl_2)$ となる．$\mathcal{U}(sl_2)$ に対応する量子展開環を $\mathcal{U}_q(sl_2)$ と書く．これは，$\boldsymbol{C}\langle e,f,k\rangle$ を，次の関係式で割ったものとして定義される．前にも出てきたが，$\boldsymbol{C}\langle e,f,k\rangle$ は，e, f, k を変数とする非可換多項式環である (e, f, k で生成される自由代数，あるいは自由線形環とも呼ばれる)．

$$kek^{-1} = q^2 e$$
$$kfk^{-1} = q^{-2} f$$
$$(q - q^{-1})(ef - fe) = k - k^{-1}$$

e と f とは，$sl(2, \boldsymbol{C})$ の E と F に対応し，k は，形式的には，q^H に対応している．$k = q^H = \exp(hH) = 1 + hH + h^2 H^2/2 + \cdots$ とおくと，上の関係式での h に関する 0 次の項は必ず成り立つ自明な関係式になっていて，1 次の部分が，$\mathcal{U}(sl_2)$ の関係式に対応する．言い換えると，上式の関係式で，h で 1 回微分してから $h \to 0$ とすると，$\mathcal{U}(sl_2)$ の定義関係式となる．このことをもって，$\mathcal{U}_q(sl_2)$ を $\mathcal{U}(sl_2)$ の量子化というのである．

4.2 量子群の表現

4.2.1 線形表現

量子展開環は，その積に関して線形環の構造をもつので，ある線形空間 V の線形変換のなす線形環 $\mathrm{End}(V)$ への準同型を考えることができる．このような準同型 ρ を，量子展開環の**線形表現**と呼ぶ．$\mathcal{U}_q(sl_2)$ のある線形空間 V 上の表現 ρ について，群やリー環の表現のときと同じように，不変部分空間や既約表現といった概念を定義することができる．まず，V のある部分空間 W が，$\mathcal{U}_q(sl_2)$ に関する**不変部分空間**とは，任意の $x \in \mathcal{U}_q(sl_2)$ に対し，$\rho(x)W \subset W$ となることである．このとき，ρ を W に制限した表現も定義できるし，ρ から商空間 V/W 上への表現も定義することができる．そして，ρ が**既約表現**であるとは，V の不変部分空間が V 自身と，0 空間 $\{0\}$ しかないときをいう．

4.2.2 自 然 表 現

さて，量子展開環 $\mathcal{U}_q(sl_2)$ の線形表現を調べてみよう．$sl(2, \boldsymbol{C})$ の有限次元表現は，すべて，$\mathcal{U}_q(sl_2)$ の表現に一般化することができるが，まず，自然表現から一般化してみる．$V = \boldsymbol{C}^2$ とし，$\mathrm{End}(V)$ への $\mathcal{U}_q(sl_2)$ の表現を次で定義する．

$$\rho(k) = \begin{pmatrix} q & 0 \\ 0 & q^{-1} \end{pmatrix}, \quad \rho(e) = \begin{pmatrix} 0 & 1 \\ 0 & 0 \end{pmatrix}, \quad \rho(f) = \begin{pmatrix} 0 & 0 \\ 1 & 0 \end{pmatrix}$$

この表現は $\mathcal{U}_q(sl_2)$ の関係式を満たしている．すなわち，

$$\rho(k)\,\rho(e)\,\rho(k)^{-1} = q^2\,\rho(e)$$
$$\rho(k)\,\rho(f)\,\rho(k)^{-1} = q^{-2}\,\rho(f)$$
$$(q - q^{-1})(\rho(e)\,\rho(f) - \rho(f)\,\rho(e)) = \rho(k) - \rho(k)^{-1}$$

が成り立つ．

4.2.3 テンソル積表現

$sl(2, \boldsymbol{C})$ の有限次元既約表現は,自然表現から対称テンソル積表現をつくることで構成できた.そこで,$\mathcal{U}_q(sl_2)$ のテンソル積表現を定義しよう.ρ_1, ρ_2 を,それぞれ V_1, V_2 を表現空間とする $\mathcal{U}_q(sl_2)$ の表現とする.このとき,$V_1 \otimes V_2$ を表現空間とする表現 $\rho_1 \otimes \rho_2$ を次で定義する.

$$(\rho_1 \otimes \rho_2)(k) = \rho_1(k) \otimes \rho_2(k)$$
$$(\rho_1 \otimes \rho_2)(e) = \rho_1(e) \otimes \rho_2(k) + id \otimes \rho_2(e)$$
$$(\rho_1 \otimes \rho_2)(f) = \rho_1(f) \otimes id + \rho_1(k)^{-1} \otimes \rho_2(f)$$

このようにすると,

$$(\rho_1 \otimes \rho_2)(k\,e\,k^{-1}) = q^2 \, (\rho_1 \otimes \rho_2)(e)$$
$$(\rho_1 \otimes \rho_2)(k\,f\,k^{-1}) = q^{-2} \, (\rho_1 \otimes \rho_2)(f)$$

となることがわかる(確かめてみよ).また,$e\,k^{-1} = q^2\,k^{-1}\,e$, $k\,f = q^{-2}\,f\,k$ ということも使って計算していくと,

$(\rho_1 \otimes \rho_2)(e\,f - f\,e)$
$\quad = (\rho_1(e) \otimes \rho_2(k) + id \otimes \rho_2(e))\,(\rho_1(f) \otimes id + \rho_1(k)^{-1} \otimes \rho_2(f))$
$\quad\quad - (\rho_1(f) \otimes id + \rho_1(k)^{-1} \otimes \rho_2(f))\,(\rho_1(e) \otimes \rho_2(k) + id \otimes \rho_2(e))$
$\quad = \rho_1(e\,f) \otimes \rho_2(k) + \rho_1(e\,k^{-1}) \otimes \rho_2(k\,f) + \rho_1(f) \otimes \rho_2(e)$
$\quad\quad + \rho_1(k)^{-1} \otimes \rho_2(e\,f) - \big(\rho_1(f\,e) \otimes \rho_2(k) + \rho_1(k^{-1}\,e) \otimes \rho_2(f\,k)$
$\quad\quad + \rho_1(f) \otimes \rho_2(e) + \rho_1(k^{-1}) \otimes \rho_2(f\,e)\big)$
$\quad = \rho_1(e\,f) \otimes \rho_2(k) + (q^2\,\rho_1(k^{-1}\,e)) \otimes (q^{-2}\,\rho_2(f\,k)) + \rho_1(k) \otimes \rho_2(e\,f)$
$\quad\quad - \big(\rho_1(f\,e) \otimes \rho_2(k)^{-1} + \rho_1(k^{-1}\,e) \otimes \rho_2(f\,k) + \rho_1(k^{-1}) \otimes \rho_2(f\,e)\big)$
$\quad = \dfrac{1}{q-q^{-1}}\,\big(\rho_1(k-k^{-1}) \otimes \rho_2(k)\big) + (q^2\,q^{-2} - 1)\,\big(\rho_1(k^{-1}\,e) \otimes \rho_2(f\,k)\big)$
$\quad\quad + \dfrac{1}{q-q^{-1}}\,\big(\rho_1(k^{-1}) \otimes \rho_2(k-k^{-1})\big)$
$\quad = \dfrac{1}{q-q^{-1}}\,\big(\rho_1(k) \otimes \rho_2(k) - \rho_1(k^{-1}) \otimes \rho_2(k^{-1})\big)$

$$= \frac{1}{q-q^{-1}}(\rho_1 \otimes \rho_2)(k - k^{-1})$$

となり，$\mathcal{U}_q(sl_2)$ の定義関係式を満たすので，表現となる．このようにテンソル積空間に作用させてできる $\mathcal{U}_q(sl_2)$ の表現 $\rho_1 \otimes \rho_2$ を，ρ_1, ρ_2 のテンソル積表現と呼ぶ．

4.2.4 テンソル積の結合律

ρ_1, ρ_2, ρ_3 をそれぞれ V_1, V_2, V_3 を表現空間とする $\mathcal{U}_q(sl_2)$ の表現とする．このとき，この3つの表現のテンソル積 $\rho_1 \otimes \rho_2 \otimes \rho_3$ の構成法として，まず，ρ_1 と ρ_2 のテンソル積 $\rho_1 \otimes \rho_2$ をつくってから，これと ρ_3 とをテンソル積した $(\rho_1 \otimes \rho_2) \otimes \rho_3$ と，先に $\rho_2 \otimes \rho_3$ を考えてからこれに ρ_1 をテンソル積した $\rho_1 \otimes (\rho_2 \otimes \rho_3)$ の2通りが考えられるが，この2通りのテンソル積について次が成り立つ．

命題 $V_1 \otimes V_2 \otimes V_3$ を表現空間とする2つのテンソル積表現 $(\rho_1 \otimes \rho_2) \otimes \rho_3$ と，$\rho_1 \otimes (\rho_2 \otimes \rho_3)$ とは，等しい表現になる．

この証明は後に回し，$sl(2, \boldsymbol{C})$ の自然表現の対称テンソル積表現にあたるものが，$\mathcal{U}_q(sl_2)$ の場合にも定義できることをみよう．

4.2.5 自然表現の対称テンソル積

$sl(2, \boldsymbol{C})$ の既約表現は，自然表現の対称テンソル積表現として構成した．ところが，先に構成した $\mathcal{U}_q(sl_2)$ の $V = \boldsymbol{C}^2$ 上での自然表現 ρ については，その $T^n(V)$ 上のテンソル積表現は定義できるが，対称テンソル空間 $S^n(V)$ は，このテンソル積表現についての不変部分空間とはなっていない．なぜなら，テンソル積表現の定義が，テンソル積の左と右の部分に関して対称になっていないからである．そこで，$\mathcal{U}_q(sl_2)$ の $T^n(V)$ への作用を調べて，$S^n(V)$ に対応する不変部分空間を取り出してみよう．

自然表現を ρ，その表現空間 $V = \boldsymbol{C}^2$ の標準基底を $\boldsymbol{v}_1, \boldsymbol{v}_2$ とし，ρ の $T^n(V)$ 上の n 階テンソル積表現を $\rho^{(n)}$ とする．$T^n(V)$ の元 $\boldsymbol{v}_0$ を

4.2 量子群の表現

$$v_0^{(n)} = \underbrace{v_1 \otimes v_1 \otimes \cdots \otimes v_1}_{n}$$

とし，$v_k^{(n)}$ を

$$v_k^{(n)} = \rho^{(n)}(f)^k \, v_0^{(n)} \quad (k = 1, 2, \cdots, n)$$

とする．

定理 任意の整数 k に対し，$q^k \neq 1$ とする．$v_0^{(n)}, v_1^{(n)}, \cdots, v_n^{(n)}$ で張られる $T^n(V)$ の部分空間を $S_q^n(V)$ とする．すると，$S_q^n(V)$ は $n+1$ 次元空間となり，$\mathcal{U}_q(sl_2)$ の作用で不変であり，この空間への ρ^n の制限は既約表現となる．

証明 この定理の証明は，$sl(2, \boldsymbol{C})$ の場合の既約表現に関する議論と同様である．ただ，生成元の作用の仕方が少し異なるので，それを調べておこう．まず，k の作用であるが，$kf = q^{-2}fk$, $k\,v_0^{(n)} = (k\,v_1) \otimes \cdots \otimes (k\,v_1) = q^n v_0^{(n)}$ より，

$$k\,v_i^{(n)} = q^{n-2i} v_i^{(n)}$$

となる．また，定義より，f の作用は

$$f\,v_i^{(n)} = v_{i+1}^{(n)} \quad (v_{n+1}^{(n)} \text{ は } \boldsymbol{0} \text{ とする})$$

である．e の作用であるが，$ef - fe = (k - k^{-1})/(q - q^{-1})$ より，$i \geq 1$ のとき，

$$e\,v_i^{(n)} = ef\,v_{i-1}^{(n)} = fe\,v_{i-1}^{(n)} + \frac{k - k^{-1}}{q - q^{-1}} v_{i-1}^{(n)}$$
$$= fe\,v_{i-1}^{(n)} + [n - 2i + 2]\,v_{i-1}^{(n)} \quad \left([j] = \frac{q^j - q^{-j}}{q - q^{-1}}\right)$$

であり，

$$e\,v_0^{(n)} = \boldsymbol{0}$$

なので，

$$e\,\boldsymbol{v}_1^{(n)} = [n]\,\boldsymbol{v}_0^{(n)}$$

$$e\,\boldsymbol{v}_2^{(n)} = f\,e\,\boldsymbol{v}_1^{(n)} + [n-2]\,\boldsymbol{v}_1^{(n)} = ([n] + [n-2])\,\boldsymbol{v}_1^{(n)}$$
$$= [2]\,[n-1]\,\boldsymbol{v}_1^{(n)}$$

$$e\,\boldsymbol{v}_3^{(n)} = f\,e\,\boldsymbol{v}_2^{(n)} + [n-2]\,\boldsymbol{v}_2^{(n)} = ([n] + [n-2] + [n-4])\,\boldsymbol{v}_2^{(n)}$$
$$= [3]\,[n-2]\,\boldsymbol{v}_2^{(n)}$$

となり，帰納的に

$$e\,\boldsymbol{v}_i^{(n)} = [i]\,[n-i+1]\,\boldsymbol{v}_{i-1}^{(n)}$$

となることがわかる．作用さえわかれば，既約性の証明はリー環の場合と同様である． 証明終

4.2.6 テンソル積に関する結合律の証明

量子展開環のテンソル積表現に関して余結合律が成り立つことの証明に戻ろう．この定理は，一般の量子展開環で成り立つものだが，ここでは $\mathcal{U}(sl_2)$ の定義しか述べていないので，この場合に示す．$\mathcal{U}_q(sl_2)$ の3つの生成元 k, e, f に対し，この2通りの表現が等しくなることを示す．まず k についてみてみよう．

$$((\rho_1 \otimes \rho_2) \otimes \rho_3)(k) = (\rho_1 \otimes \rho_2)(k) \otimes \rho_3(k)$$
$$= \rho_1(k) \otimes \rho_2(k) \otimes \rho_3(k)$$
$$= \rho_1(k) \otimes (\rho_2 \otimes \rho_3)(k)$$
$$= (\rho_1 \otimes (\rho_2 \otimes \rho_3))(k)$$

となり，$((\rho_1 \otimes \rho_2) \otimes \rho_3)(k) = (\rho_1 \otimes (\rho_2 \otimes \rho_3))$ となる．次に e についてみてみよう．

$$((\rho_1 \otimes \rho_2) \otimes \rho_3)(e)$$
$$= (\rho_1 \otimes \rho_2)(e) \otimes \rho_3(k) + (id \otimes id) \otimes \rho_3(e)$$
$$= (\rho_1(e) \otimes \rho_2(k) + id \otimes \rho_2(e)) \otimes \rho_3(k) + id \otimes id \otimes \rho_3(e)$$
$$= \rho_1(e) \otimes \rho_2(k) \otimes \rho_3(k) + id \otimes \rho_2(e) \otimes \rho_3(k) + id \otimes id \otimes \rho_3(e)$$

$$= \rho_1(e) \otimes (\rho_2 \otimes \rho_3)(k) + id \otimes (\rho_2 \otimes \rho_3)(e)$$
$$= (\rho_1 \otimes (\rho_2 \otimes \rho_3))(e)$$

となり，$((\rho_1 \otimes \rho_2) \otimes \rho_3)(e) = (\rho_1 \otimes (\rho_2 \otimes \rho_3))$ となる．最後に f について
みてみよう．

$$\begin{aligned}((\rho_1 \otimes \rho_2) \otimes \rho_3)(f) &= (\rho_1 \otimes \rho_2)(f) \otimes id + (\rho_1 \otimes \rho_2)(k^{-1}) \otimes \rho_3(f) \\ &= \rho_1(f) \otimes id \otimes id + \rho_1(k^{-1}) \otimes \rho_2(f) \otimes id \\ &\quad + \rho_1(k^{-1}) \otimes \rho_2(k^{-1}) \otimes \rho_3(f) \\ &= \rho_1(f) \otimes (id \otimes id) + \rho_1(k^{-1}) \otimes (\rho_2 \otimes \rho_3)(f) \\ &= (\rho_1 \otimes (\rho_2 \otimes \rho_3))(f)\end{aligned}$$

となり，$((\rho_1 \otimes \rho_2) \otimes \rho_3)(f) = (\rho_1 \otimes (\rho_2 \otimes \rho_3))(f)$ となる．よって，すべての生成元について 2 つの表現が一致したので，この 2 つの表現は等しい表現である． 証明終

このように，表現についてのテンソル積が積をとっていく順序によらないという性質を，テンソル積に関して結合律が成り立つといったり，または $\mathcal{U}_q(sl_2)$ で**余結合律**が成り立つといったりする．

リー環の表現のテンソル積については結合律が成り立つだろうか．g をリー環とし，ρ_1, ρ_2, ρ_3 をそれぞれ V_1, V_2, V_3 を表現空間とする表現とする．このとき，リー環のテンソル積表現の定義から，任意の g の元 x に対し，

$$\begin{aligned}((\rho_1 \otimes \rho_2) \otimes \rho_3)(x) &= (\rho_1 \otimes \rho_2)(x) \otimes id + (id \otimes id) \otimes \rho_3(x) \\ &= \rho_1(x) \otimes id \otimes id + id \otimes \rho_2(x) \otimes id + id \otimes id \otimes \rho_3(x) \\ &= \rho_1(x) \otimes (id \otimes id) + id \otimes (\rho_2 \otimes \rho_3)(x) \\ &= (\rho_1 \otimes (\rho_2 \otimes \rho_3))(x)\end{aligned}$$

となり，テンソル積に関して結合律が成り立つ．このことを，リー環について余結合律が成り立つともいう．

4.2.7 リー環の余可換性

リー環の表現については，余可換にもなっている．余可換とは，テンソル積に関して交換可能ということであるが，その意味は次のとおりである．g をリー環，ρ_1, ρ_2 を V_1, V_2 を表現空間とする g の表現とする．このとき，$V_1 \otimes V_2$ を表現空間とするテンソル積表現 $\rho_1 \otimes \rho_2$ と，$V_2 \otimes V_1$ を表現空間とするテンソル積表現 $\rho_2 \otimes \rho_1$ とを考える．$V_1 \otimes V_2$ と $V_2 \otimes V_1$ との間には，$V_1 \otimes V_2$ の元 $x \otimes y$ を $V_2 \otimes V_1$ の元 $y \otimes x$ にうつす線形写像としての同型写像 ϕ が定義される．このとき，$v_1 \in V_1, v_2 \in V_2, x \in g$ に対し，

$$\begin{aligned}\phi((\rho_1 \otimes \rho_2)(x)(v_1 \otimes v_2)) &= \phi((\rho_1(x)v_1) \otimes v_2 + v_1 \otimes (\rho_2(x)v_2)) \\ &= v_2 \otimes (\rho_1(x)v_1) + (\rho_2(x)v_2) \otimes v_1 \\ &= (\rho_2 \otimes \rho_1)(x)(v_2 \otimes v_1) \\ &= (\rho_2 \otimes \rho_1)(x)(\phi(v_1 \otimes v_2))\end{aligned}$$

となるので，

$$\phi \circ (\rho_1 \otimes \rho_2)(x) = (\rho_2 \otimes \rho_1)(x) \circ \phi$$

が成り立つ．つまり，ϕ が g の作用と可換になっているのである．このことを，テンソル積について可換であるといったり，リー環が**余可換**であるといったりする．

4.2.8 量子展開環の非余可換性

リー環の余結合律や余可換律は，リー環の展開環についても成り立つ．しかし，量子展開環では，余結合律は成り立つが，余可換律は成り立たない．$\mathcal{U}_q(sl_2)$ の 2 つの表現 ρ_1, ρ_2 についてみてみよう．v_1, v_2 を，それぞれ ρ_1, ρ_2 の表現空間の元とするとき，

$$\begin{aligned}\phi \circ (\rho_1 \otimes \rho_2)(e)(v_1 \otimes v_2) &= \phi((\rho_1(e)v_1) \otimes (\rho_2(k)v_2) + v_1 \otimes (\rho_2(e)v_2)) \\ &= (\rho_2(k)v_2) \otimes (\rho_1(e)v_1) + (\rho_2(e)v_2) \otimes v_1\end{aligned}$$

となるが，一方

$$(\rho_2 \otimes \rho_1)(e)\,\phi(\boldsymbol{v}_1 \otimes \boldsymbol{v}_2) = (\rho_2 \otimes \rho_1)(e)\,(\boldsymbol{v}_2 \otimes \boldsymbol{v}_1)$$
$$= (\rho_2(e)\,\boldsymbol{v}_2) \otimes (\rho_1(k)\,\boldsymbol{v}_1) + \boldsymbol{v}_2 \otimes (\rho_1(e)\,\boldsymbol{v}_1)$$

となり,たとえば,ρ_1, ρ_2 がともに自然表現のときは,

$$\phi \circ (\rho_1 \circ \rho_2) \neq (\rho_2 \otimes \rho_1) \circ \phi$$

となり,余可換律は成り立たない.

4.3 ホップ代数

4.3.1 積と余積

余可換律とか,余結合律といった概念は,量子展開環が構成される以前から,ホップ代数の研究で使われていた.ホップ代数とは,多様体のホモロジーとかコホモロジーに,積構造を入れ,さらにポワンカレの双対性により両者を同一視してできる,2種類の積をもつ構造を抽象化して得られた概念である.多様体のホモロジー群には,カップ積と呼ばれる,2つのホモロジー類の直積にあたるものを対応させる積が定義される.また,コホモロジー群に対しても,カップ積の双対概念としてのキャップ積が定義される.ホモロジー群とコホモロジー群とは,まったく異なるものであるが,多様体などの場合では,ポワンカレの対応により,C 上のホモロジー群とコホモロジー群とが同型になる.この同型で2つの群を同一視すると,この同一視された群に,カップ積とキャップ積という2種類の積が定義されることになる.このような2種類の積のうち,一方を単に積と呼び,もう一方を余積と呼ぶことにして,これらの満たす性質を調べ,公理化したものがホップ代数である.すなわち,積については結合律,余積については余結合律を課し,単位元,逆元に対して余単位元や余逆元と呼ぶべきものが存在するとし,しかるべく自然な条件を満たすものとするのである.

4.3.2 ホップ代数としての群環

先にあげたホモロジー群以外にもいろいろなホップ代数がある.群環もその1つである.群 G の2つの表現 ρ_1, ρ_2 に対し,そのテンソル積表現 $\rho_1 \otimes \rho_2$

が G の元 g に対し $(\rho_1 \otimes \rho_2)(g) = \rho_1(g) \otimes \rho_2(g)$ と定義されることから, G の群環 CG に対し, その余積 $\Delta : CG \to CG \otimes CG$ を次で定義する.

$$\Delta(x) = x \otimes x$$

群環の通常の積とこの余積とで, ホップ代数としての構造が CG に入る.

4.3.3 ホップ代数としてのリー環の展開環

リー環の展開環も群環のように線形環であるが, さらに, テンソル積の定義から, 余積を定義することができる. $\Delta : \mathcal{U}(g) \to \mathcal{U}(g) \otimes \mathcal{U}(g)$ を $x \in g$ に対し, $\Delta(x) = x \otimes 1 + 1 \otimes x$ とするのである. また, g の元の積になっている $\mathcal{U}(g)$ の元に対しては, それぞれの g の元の余積の積とする. これにより, $\mathcal{U}(g)$ にホップ代数の構造が入る.

4.3.4 ホップ代数としての量子展開環

量子展開環に対しても, テンソル積表現の定義から余積が定義されるが, この余積では余可換律は成り立たない. ホップ代数の定義では, 積に関する可換律や余積に関する余可換律はとくに仮定しておらず, 量子展開環もホップ代数となる. 実は, 量子展開環の発見以前には余可換律の成り立たないホップ代数というものはほとんど知られていなかったのであるが, 余積が余可換律を満たさないことは, 量子力学において関数を作用素に置き換えて可換性を成り立たなくすることに対応し, 展開環の量子化と呼ぶにふさわしい構造となっている.

4.4 R - 行 列

4.4.1 置換の量子化

リー環 $sl(2, C)$ の, ある線形空間 V 上の表現 ρ のテンソル積表現 $\rho \otimes \rho$ に対し, テンソル積の成分を入れ換える変換 $P \in \text{End}(v \otimes V)$ は, $sl(2, C)$ の作用と可換であり, 中心化群, すなわち, $\text{End}(V \otimes V)$ の元のうち, $sl(2, C)$ の作用と可換になる元全体のなす環 $\text{End}_{sl(2,C)}(V \otimes V)$ を生成する. 一方, 量子展開環の表現については, 余可換でないため, このような成分を入れ換える変

換は量子展開環の作用と可換ではなくなる.しかし,成分の入れ換えにさらに微調整を加え,量子展開環の作用と可換にできることがある.この,成分の入れ換え P に微調整を加えたものを R と書く.微調整という意味はパラメータ q で少し変型するということで,R で q を1としたときは P そのものになるようにする.n 階のテンソル積表現に対し,i と $i+1$ 番目の成分に P または R で作用する置換をそれぞれ P_i または R_i とする.P_i は置換と対応し,

$$P_i{}^2 = id, \quad P_i P_{i+1} P_i = P_{i+1} P_i P_{i+1}$$

を満たしている.R_i については,P_i に微調整を加えてあるため,一般にはこのような関係式は期待できないが,とくに2番目の関係式

$$R_i R_{i+1} R_i = R_{i+1} R_i R_{i+1}$$

が成り立つとき,**R-行列**と呼ぶ.この関係式はヤン-バクスター方程式とも呼ばれ,組紐群の,交点に対応する生成元の満たす組紐関係式(図 2.13)と対応する.量子展開環のもとの表現の表現空間を V とすると,R_i は $\mathrm{End}(V^{\otimes n})$ の元となるが,

$$R_i R_j = R_j R_i \quad (|i - j| \geq 2)$$

という関係も満たしているので,組紐群の生成元 σ_i に R_i を対応させることにより,組紐群 B_n の $V^{\otimes n}$ 上の表現が定義される.V が自然表現のときに R-行列が存在するか,存在すればどんなものになるかを調べたいのであるが,そのために,まず自然表現の中心化環について調べてみる.

4.4.2 中心化環

前の章で,$\mathfrak{g} = sl(2, \mathbf{C})$ のテンソル積表現の中心化環について説明したが,量子展開環 $\mathcal{U}_q(\mathfrak{g})$ の自然表現に対しても中心化環を考えることができ,R-行列は中心化環の元となる.$sl(2, \mathbf{C})$ の自然表現の中心化環について調べたときは,テンソル積表現が,対称的であること,つまり,$\mathfrak{g}$ が余可換であることから,テンソル積表現と,テンソル積の各成分に置換で働く対称群の作用が交換可能になって,この対称群の作用から,中心化環の構造を調べることができた.

量子展開環になると，もはや余可換ではなく，テンソル積表現が対称的ではなくなる．しかし，対称テンソル積表現にあたるものはすでに構成したので，この表現を用いて，中心化環の構造を調べることにする．

4.4.3 $T^2(V)$ の中心化環

ρ を，前に定義した $V = \boldsymbol{C}^2$ を表現空間とする $\mathcal{U}_q(sl_2)$ の自然表現とする．すなわち，v_1, v_2 を V の標準基底とするとき

$$k\,v_1 = q\,v_1, \quad k\,v_2 = q^{-1}\,v_2$$
$$e\,v_1 = \boldsymbol{0}, \quad e\,v_2 = v_1, \quad f\,v_1 = v_2, \quad f\,v_2 = \boldsymbol{0}$$

また $T^2(V)$ を表現空間とする ρ の 2 階のテンソル積表現 ρ_2 は次で定義されている．

$$\rho_2(k) = k \otimes k$$
$$\rho_2(e) = e \otimes k + id \otimes e$$
$$\rho_2(f) = f \otimes id + k^{-1} \otimes f$$

このとき，$T^2(V)$ は対称テンソル積空間にあたる部分空間 V_s と交代テンソル積空間にあたる部分空間 V_a との直和に分かれる．V_s は $v_1 \otimes v_1$ に $\rho_2(\mathcal{U}_q(sl_2))$ を作用させて得られる

$$V_s = \langle v_1 \otimes v_1, q^{-1}\,v_1 \otimes v_2 + v_2 \otimes v_1, v_2 \otimes v_2 \rangle_{\boldsymbol{C}}$$

という 3 つの元で張られる 3 次元の不変部分空間である．V_a は，V_s の補空間で $\mathcal{U}_q(sl_2)$ の作用で不変な空間であり，

$$V_a = \langle q\,v_1 \otimes v_2 - v_2 \otimes v_1 \rangle_{\boldsymbol{C}}$$

である．さて，$\mathrm{End}(T^2(V))$ の元 Q を次で定義する．

$$Q\,(v_1 \otimes v_1) = \boldsymbol{0}, \quad Q\,(v_1 \otimes v_2) = q\,v_1 \otimes v_2 - v_2 \otimes v_1$$
$$Q\,(v_2 \otimes v_2) = \boldsymbol{0}, \quad Q\,(v_2 \otimes v_1) = -v_1 \otimes v_2 + q^{-1}\,v_2 \otimes v_1$$

こうすると，$\mathrm{Im}\,Q = V_a$ となり，

$$Q^2 = (q+q^{-1})\,Q$$

を満たす．また，V_a は不変部分空間であり，Q は V_a への射影を $q+q^{-1}$ 倍したものであり，$\mathcal{U}_q(sl_2)$ の作用と可換である．$T^2(V)$ が V_s と V_a の直和であることから，シューアの補題より，$T^2(V)$ に対応する中心化環 $\mathrm{End}_{\mathcal{U}_q(sl_2)}(T^2(V))$ は 2 次元になることがわかり，実際 id と Q とで張られている．

4.4.4　$T^n(V)$ の中心化環

Q の $T^2(V)$ への作用を，$T^n(V)$ への作用に拡張する．Q_i を，$T^n(V)$ の i 番目と $i+1$ 番目の成分に Q で作用する，$\mathrm{End}(T^n(V))$ の元とする．

命題　Q_i は $\mathcal{U}_q(sl_2)$ の $T^n(V)$ への作用と可換である．

証明　ρ の n 階のテンソル積表現の定義から k, e, f の $T^n(V)$ への作用の仕方が具体的にわかるが，この作用と Q_i の作用とが可換なことは，$n=2$ のときの可換性から出てくる次の関係式からわかる．

$$(\rho(k)\otimes\rho(k))\,Q = Q\,(\rho(k)\otimes\rho(k))$$
$$(\rho(e)\otimes\rho(k)+id\otimes\rho(e))\,Q = Q\,(\rho(e)\otimes\rho(k)+id\otimes\rho(e))$$
$$(\rho(f)\otimes id+\rho(k^{-1})\otimes\rho(f))\,Q = Q\,(\rho(f)\otimes id+\rho(k^{-1})\otimes\rho(f))$$

証明終

Q_i は，$sl(2,\boldsymbol{C})$ の場合の f_i に対応する元である．${Q_i}^2 = (q+q^{-1})\,Q_i$ であるが，これは $q=1$ とすると ${Q_i}^2 = 2Q_i$ となり，f_i と同様の関係式になる．さらに，f_i についてのもう 1 つの関係式 $f_i f_{i\pm 1} f_i = f_i$ に対応する，次の関係式が成り立つ．

命題　$Q_i Q_{i\pm 1} Q_i = Q_i$

証明　f_i について証明したときと同様，V の標準基底 $\boldsymbol{v}_1, \boldsymbol{v}_2$ から定まる $T^n(V)$ の基底に対し，テンソル積の $i, i+1, i+2$ 番目の部分についての作用

を調べて証明する．作用が 0 とならない場合についてのみ計算を書くが，これ以外の場合は，両辺ともに 0 となって，関係式が成立している．$x \in T^{i-1}(v)$, $y \in T^{n-i-2}(V)$ とする．

$$Q_i Q_{i+1} Q_i (x \otimes v_1 \otimes v_2 \otimes v_1 \otimes y)$$
$$= Q_i Q_{i+1} (x \otimes (q v_1 \otimes v_2 - v_2 \otimes v_1) \otimes v_1 \otimes y)$$
$$= Q_i (x \otimes v_1 \otimes (-q v_1 \otimes v_2 + v_2 \otimes v_1) \otimes y)$$
$$= Q_i (x \otimes v_1 \otimes v_2 \otimes v_1 \otimes y)$$

$$Q_i Q_{i+1} Q_i (x \otimes v_1 \otimes v_2 \otimes v_2 \otimes y)$$
$$= Q_i Q_{i+1} (x \otimes (q v_1 \otimes v_2 - v_2 \otimes v_1) \otimes v_2 \otimes y)$$
$$= Q_i (x \otimes v_2 \otimes (-q v_1 \otimes v_2 + v_2 \otimes v_1) \otimes y)$$
$$= Q_i - q (x \otimes v_2 \otimes v_1 \otimes v_2 \otimes y)$$
$$= Q_i (x \otimes v_1 \otimes v_2 \otimes v_2 \otimes y)$$

$$Q_i Q_{i+1} Q_i (x \otimes v_2 \otimes v_1 \otimes v_1 \otimes y)$$
$$= Q_i Q_{i+1} (x \otimes (-v_1 \otimes v_2 + q^{-1} v_2 \otimes v_1) \otimes v_1 \otimes y)$$
$$= Q_i (x \otimes v_1 \otimes (v_1 \otimes v_2 - q^{-1} v_2 \otimes v_1) \otimes y)$$
$$= Q_i - q^{-1} (x \otimes v_1 \otimes v_2 \otimes v_1 \otimes y)$$
$$= Q_i (x \otimes v_2 \otimes v_1 \otimes v_1 \otimes y)$$

$$Q_i Q_{i+1} Q_i (x \otimes v_2 \otimes v_1 \otimes v_2 \otimes y)$$
$$= Q_i Q_{i+1} (x \otimes (-v_1 \otimes v_2 + q^{-1} v_2 \otimes v_1) \otimes v_2 \otimes y)$$
$$= Q_i (x \otimes v_2 \otimes (v_1 \otimes v_2 - q^{-1} v_2 \otimes v_1) \otimes y)$$
$$= Q_i (x \otimes v_2 \otimes v_1 \otimes v_2 \otimes y)$$

以上により，$Q_i Q_{i+1} Q_i = Q_i$ が証明された．同様にして，$Q_i Q_{i-1} Q_i = Q_i$ も証明される． 証明終

4.4.5 ジョーンズ環

Q_i は $\mathrm{End}_{\mathcal{U}_q(sl_2)}(T^n(V))$ の元であるが，実は，$\mathrm{End}_{\mathcal{U}_q(sl_2)}(V)$ は，恒等変換と $Q_1, Q_2, \cdots, Q_{n-1}$ で生成されていることが知られており，J_n は $\mathrm{End}_{\mathcal{U}_q(sl_2)}(V)$

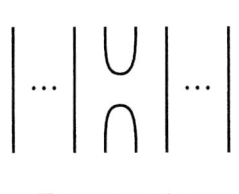

図 4.1 J_n の元 Q_i

と同型である．恒等変換と $Q_1, Q_2, \cdots, Q_{n-1}$ とで生成される線形環のことを J_n と書き，ジョーンズ環と呼ぶ．

$sl(2, \boldsymbol{C})$ の中心化環のときと同様，J_n を生成元とその関係式により表示することができる．

$$\langle Q_1, Q_2, \cdots, Q_{n-1} \mid {Q_i}^2 = (q+q^{-1})Q_i \quad (1 \leq i \leq n-1),$$
$$Q_i Q_{i+1} Q_i = Q_i \quad (1 \leq i \leq n-2),$$
$$Q_i Q_{i-1} Q_i = Q_i \quad (2 \leq i \leq n-1),$$
$$Q_i Q_j = Q_j Q_i \quad (|i-j| \geq 2) \quad \rangle_{\boldsymbol{C}\text{-alg}}$$

ここで，$q = 1$ とすると，$f_i = Q_i$ とおくことにより，$sl(2, \boldsymbol{C})$ の中心化環 A_n となる．

ジョーンズ環の元は図で表すことができる．Q_i を $sl(2, \boldsymbol{C})$ の中心化環での f_i のように，図 4.1 の元で表し，積はこの図を縦につないでいくことに対応させる．こうすると，Q_i についての関係式は，図 4.2 のように，1 つは，閉じた線が出てきたら $q + q^{-1}$ で置き換えてよい，というもので，もう 1 つは，余計に曲がっている部分は，ぴんと伸ばしてよいというものになる．そして，A_n のときと同じように，長方形の上辺と下辺にそれぞれ n 個ずつの点をとり，n 本の線でこれらを交差がないように結んだ図が，J_n に対応する．

4.4.6 自然表現の場合の R-行列

さて，A_n のときは，$id - f_i$ が，互換 $s_i = (i, i+1)$ に対応していた．そして，この元は，図では i 番目と $i+1$ 番目との線を交差させるものが対応している．そこで，J_n の場合に，この互換に対応する元にあたるものが何か考えてみよう．$id - f_i$ は，id と f_i との 1 次結合で，1 と -1 が固有値となってい

$$Q_i{}^2 = (q+q^{-1})Q_i$$

$$Q_i Q_{i+1} Q_i = Q_i$$

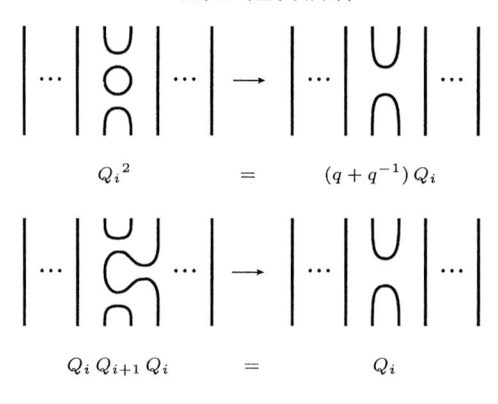

図 4.2　Q_i の満たす関係式

る．そこで，id と Q_i との次のような 1 次結合を考え，これを R_i とおく．

$$R_i = q^{1/2}\,id - q^{-1/2}\,Q_i$$

R_i の固有値は $q^{1/2}$ と $-q^{-3/2}$ である．また，$R_i{}^{-1}$ は，

$$R_i{}^{-1} = q^{-1/2}\,id - q^{1/2}\,Q_i$$

となる．この R_i と $R_i{}^{-1}$ とを，結び目や組紐の図で使う交点を用いて表すことにする．実際，次の組紐関係式が成り立つ．

命題　$R_i R_{i+1} R_i = R_{i+1} R_i R_{i+1}$

証明　左辺と右辺を，Q_i と Q_{i+1} とで表して証明する．

〔左辺〕

$R_i R_{i+1} R_i$
$= (q^{1/2}\,id - q^{-1/2}\,Q_i)(q^{1/2}\,id - q^{-1/2}\,Q_{i+1})(q^{1/2}\,id - q^{-1/2}\,Q_i)$
$= q^{3/2}\,id - 2q^{1/2}\,Q_i - q^{1/2}\,Q_{i+1} + q^{-1/2}\,Q_i{}^2$
$\quad + q^{-1/2}\,Q_i Q_{i+1} + q^{-1/2}\,Q_{i+1} Q_i - q^{-3/2}\,Q_i Q_{i+1} Q_i$
$= q^{3/2}\,id - 2q^{1/2}\,Q_i - q^{1/2}\,Q_{i+1} + (q^{1/2} + q^{-3/2})\,Q_i$
$\quad + q^{-1/2}(Q_i Q_{i+1} + Q_{i+1} Q_i) - q^{-3/2}\,Q_i$
$= q^{3/2}\,id - q^{1/2}(Q_i + Q_{i+1}) + q^{-1/2}(Q_i Q_{i+1} + Q_{i+1} Q_i)$

〔右辺〕

$R_{i+1} R_i R_{i+1}$
$= (q^{1/2} id - q^{-1/2} Q_{i+1}) (q^{1/2} id - q^{-1/2} Q_i) (q^{1/2} id - q^{-1/2} Q_{i+1})$
$= q^{3/2} id - 2 q^{1/2} Q_{i+1} - q^{1/2} Q_i + q^{-1/2} Q_{i+1}{}^2$
$\quad + q^{-1/2} Q_{i+1} Q_i + q^{-1/2} Q_i Q_{i+1} - q^{-3/2} Q_{i+1} Q_i Q_{i+1}$
$= q^{3/2} id - 2 q^{1/2} Q_{i+1} - q^{1/2} Q_i + (q^{1/2} + q^{-3/2}) Q_{i+1}$
$\quad + q^{-1/2} (Q_i Q_{i+1} + Q_{i+1} Q_i) - q^{-3/2} Q_{i+1}$
$= q^{3/2} id - q^{1/2} (Q_i + Q_{i+1}) + q^{-1/2} (Q_i Q_{i+1} + Q_{i+1} Q_i)$

よって,両辺は等しい. 証明終

4.5 トレース

4.5.1 組紐群の表現

上の命題から,B_n の J_n への表現 π_n が,

$$\pi_n : B_n \ni \sigma_i \mapsto R_i \in J_n$$

で定義される.この表現を用いて,組紐や結び目の性質を調べる.

4.5.2 マルコフトレース

J_n の元に対し,トレースと呼ばれる量を定義しよう.行列の場合,トレースというのは対角成分の和のことである.J_n の元についても,$\mathrm{End}_{\mathcal{U}_q(sl_2)}(T^n(V))$ の元とみなして,そこでの対角成分の和を考えることができるが,ここでは,この和を,量子化したものを考え,それをトレースと呼ぶ.どのように量子化するかというと,J_n の元 x に対し,x の $\mathrm{End}_{\mathcal{U}_q(sl_2)}$ での対角成分の和のかわりに,$\rho_n(k) x$ の対角成分の和をトレースと呼ぶのである.また,このトレースを,tr_q と書くことにする.

J_n は $\mathrm{End}_{\mathcal{U}_q(sl_2)}$ の元であり,J_n の元の $T^n(V)$ への作用は ρ_n による $\mathcal{U}_q(sl_2)$ の作用と可換である.すなわち,$x \in J_n$ と,$\alpha \in \mathcal{U}_q(sl_2)$ に対し,

$$x\,\rho_n(\alpha) = \rho_n(\alpha)\,x$$

が成り立つ．このことから次が成り立つ．

命題 $x, y \in J_n$ に対し,

$$\mathrm{tr}_q(x\,y) = \mathrm{tr}_q(y\,x)$$

証明 $\mathrm{tr}_q(x) = \mathrm{trace}(\rho_n(k)\,x)$ より,

$\mathrm{tr}_q(x\,y) = \mathrm{trace}(\rho_n(k)\,x\,y) = \mathrm{trace}(x\,\rho_n(k)\,y) = \mathrm{trace}(\rho_n(k)\,y\,x) = \mathrm{tr}_q(y\,x)$

となる． 証明終

さらに, $\iota_n : J_n \to J_{n+1}$ を, $Q_i \in J_n$ を $Q_i \in J_{n+1}$ にうつす写像とすると, 次が成り立つ．

命題 $x \in J_n$ に対し次が成り立つ．

$$\mathrm{tr}_q(\iota_n(x)\,R_n) = q^{3/2}\,\mathrm{tr}_q(x), \quad \mathrm{tr}_q(\iota_n(x)\,R_n^{-1}) = q^{-3/2}\,\mathrm{tr}_q(x)$$

証明 実際に計算により証明する．といっても, 多少の工夫は必要である．まず, $\mathrm{End}(V^{\otimes n})$ の元の行列成分の表し方を決めておこう．前から使っているように, V の基底を $\boldsymbol{v}_1, \boldsymbol{v}_2$ とし, $\mathrm{End}(V^{\otimes n})$ の元 x に対し, $x_{i_1 \cdots i_n}^{j_1 \cdots j_n}$ を

$$x\,(\boldsymbol{v}_{i_1} \otimes \cdots \otimes \boldsymbol{v}_{i_n}) = \sum_{j_1, \cdots, j_n = 1}^{2} x_{i_1 \cdots i_n}^{j_1 \cdots j_n}\,\boldsymbol{v}_{j_1} \otimes \cdots \otimes \boldsymbol{v}_{j_n}$$

で定める．こうすると, tr は行列の対角成分の和なので,

$$\mathrm{tr}(x) = \sum_{i_1, \cdots, i_n = 1}^{2} x_{i_1 \cdots i_n}^{i_1 \cdots i_n}$$

となる．このことを用いて, $\mathrm{tr}_q(\iota_n(x)\,R_n)$ と $\mathrm{tr}_q(x)$ とを比較してみよう． Q の $V^{\otimes 2}$ への作用の仕方から, $R = q^{1/2}\,id - q^{-1/2}\,Q$ の $V^{\otimes 2}$ への作用は次のようになる．

$$R(\boldsymbol{v}_1 \otimes \boldsymbol{v}_1) = q^{1/2}\,\boldsymbol{v}_1 \otimes \boldsymbol{v}_1$$

$$R(\boldsymbol{v}_1 \otimes \boldsymbol{v}_2) = q^{-1/2}\, \boldsymbol{v}_2 \otimes \boldsymbol{v}_1$$
$$R(\boldsymbol{v}_2 \otimes \boldsymbol{v}_1) = q^{-1/2}\, \boldsymbol{v}_1 \otimes \boldsymbol{v}_2 + (q^{1/2} - q^{-3/2})\, \boldsymbol{v}_2 \otimes \boldsymbol{v}_1$$
$$R(\boldsymbol{v}_2 \otimes \boldsymbol{v}_2) = q^{1/2}\, \boldsymbol{v}_2 \otimes \boldsymbol{v}_2$$

これより,R_n の $\operatorname{End}(V^{\otimes n})$ への作用は,

$$R_n(\boldsymbol{v}_{i_1} \otimes \cdots \otimes \boldsymbol{v}_{i_{n-1}} \otimes \boldsymbol{v}_1 \otimes \boldsymbol{v}_1) = q^{1/2}\, \boldsymbol{v}_{i_1} \otimes \cdots \otimes \boldsymbol{v}_{i_{n-1}} \otimes \boldsymbol{v}_1 \otimes \boldsymbol{v}_1$$
$$R_n(\boldsymbol{v}_{i_1} \otimes \cdots \otimes \boldsymbol{v}_{i_{n-1}} \otimes \boldsymbol{v}_1 \otimes \boldsymbol{v}_2) = q^{-1/2}\, \boldsymbol{v}_{i_1} \otimes \cdots \otimes \boldsymbol{v}_{i_{n-1}} \otimes \boldsymbol{v}_2 \otimes \boldsymbol{v}_1$$
$$R_n(\boldsymbol{v}_{i_1} \otimes \cdots \otimes \boldsymbol{v}_{i_{n-1}} \otimes \boldsymbol{v}_2 \otimes \boldsymbol{v}_1) = q^{-1/2}\, \boldsymbol{v}_{i_1} \otimes \cdots \otimes \boldsymbol{v}_{i_{n-1}} \otimes \boldsymbol{v}_1 \otimes \boldsymbol{v}_2$$
$$+ (q^{1/2} - q^{-3/2})\, \boldsymbol{v}_{i_1} \otimes \cdots \otimes \boldsymbol{v}_{i_{n-1}} \otimes \boldsymbol{v}_2 \otimes \boldsymbol{v}_1$$
$$R_n(\boldsymbol{v}_{i_1} \otimes \cdots \otimes \boldsymbol{v}_{i_{n-1}} \otimes \boldsymbol{v}_2 \otimes \boldsymbol{v}_2) = q^{1/2}\, \boldsymbol{v}_{i_1} \otimes \cdots \otimes \boldsymbol{v}_{i_{n-1}} \otimes \boldsymbol{v}_2 \otimes \boldsymbol{v}_2$$

となる.また,$R_n\, \iota_n(x)$ の行列要素は,R_n が $V^{\otimes(n+1)}$ の最初の $n-1$ 成分には恒等的に作用することより

$$(R_n\, \iota_n(x))^{j_1 \cdots j_{n+1}}_{i_1 \cdots i_{n+1}} = \sum_{k=1}^{2} R^{j_n j_{n+1}}_{k i_{n+1}}\, x^{j_1 \cdots j_{n-1} k}_{i_1 \cdots i_{n-1} i_n}$$

となる.ただし,R^{kl}_{ij} は R を $\operatorname{End}(V^{\otimes 2})$ の行列として表示したときの行列要素を表している.また,$\rho_{n+1}(k)$ は対角行列である.これらのことから,$\operatorname{tr}_q(\iota_n(x)\, R_n)$ を計算してみると,

$$\operatorname{tr}_q(\iota_n(x)\, R_n)$$
$$= \sum_{i_1, \cdots, i_{n+1}=1}^{2} \left(\rho_{n+1}(k)\, \iota_n(x)\, R_n\right)^{i_1 \cdots i_{n+1}}_{i_1 \cdots i_{n+1}}$$
$$= \sum_{i_1 \cdots i_{n+1}=1}^{2} \left(R_n\, \rho_{n+1}(k)\, \iota_n(x)\right)^{i_1 \cdots i_{n+1}}_{i_1 \cdots i_{n+1}}$$
$$= \sum_{i_1 \cdots i_{n+1}=1}^{2} \left(R_n\, (id^{\otimes(n-1)} \otimes \rho(k)^{\otimes 2})\, (\rho(k)^{\otimes(n-1)} \otimes id^{\otimes 2})\, \iota_n(x)\right)^{i_1 \cdots i_{n+1}}_{i_1 \cdots i_{n+1}}$$
$$= \sum_{i_1 \cdots i_n} \sum_{i_{n+1}=1}^{2} \sum_{l=1}^{2} R^{l i_{n+1}}_{i_n i_{n+1}}\, \rho(k)^{i_{n+1}}_{i_{n+1}} \rho(k)^{l}_{l} \left(\prod_{p=1}^{n-1} \rho(k)^{i_p}_{i_p}\right) x^{i_1 \cdots i_{n-1} i_n}_{i_1 \cdots i_{n-1} l}$$

となるが, R_{ij}^{kl} は, $i+j$ と $k+l$ が等しくない要素は 0 なので, 上式は次のようになる.

$$\sum_{i_1\cdots i_n=1}^{2}\left(\sum_{i_{n+1}=1}^{2} R_{i_n i_{n+1}}^{i_n i_{n+1}} \rho(k)_{i_{n+1}}^{i_{n+1}}\right)\left(\prod_{p=1}^{n} \rho(k)_{i_p}^{i_p}\right) x_{i_1\cdots i_{n-1} i_n}^{i_1\cdots i_{n-1} i_n}$$

ここで,

$$\sum_{i_{n+1}=1}^{2} R_{1 i_{n+1}}^{1 i_{n+1}} \rho(k)_{i_{n+1}}^{i_{n+1}} = R_{11}^{11} q + R_{12}^{12} q^{-1}$$

$$= q^{1/2} q + 0\, q^{-1}$$

$$= q^{3/2}$$

$$\sum_{i_{n+1}=1}^{2} R_{2 i_{n+1}}^{2 i_{n+1}} \rho(k)_{i_{n+1}}^{i_{n+1}} = R_{21}^{21} q + R_{22}^{22} q^{-1}$$

$$= (q^{1/2} - q^{-3/2})\, q + q^{1/2} q^{-1}$$

$$= q^{3/2}$$

となり, i_n が 1 でも 2 でも,

$$\sum_{i_{n+1}=1}^{2} R_{i_n i_{n+1}}^{i_n i_{n+1}} \rho(k)_{i_{n+1}}^{i_{n+1}} = q^{3/2}$$

となる. したがって,

$$\mathrm{tr}_q(\iota_n R_n) = q^{3/2} \sum_{i_1\cdots i_n=1}^{2}\left(\prod_{p=1}^{n} \rho(k)_{i_p}^{i_p}\right) x_{i_1\cdots i_{n-1} i_n}^{i_1\cdots i_{n-1} i_n}$$

$$= q^{3/2}\, \mathrm{tr}_q(x)$$

となる.

R_n を $R_n{}^{-1}$ に置き換えたものについても同様に証明される.   証明終

4.5.3 結び目不変量

このトレースと, J_n への組紐群の表現 π_n とを組み合わせることにより, B_n の元についての関数 $\mathrm{tr}_q \circ \pi_n$ が定義される. $b \in B_n$ に対し, $w(b)$ を, b のラ

イズとする．すなわち，$w(b)$ は，組紐 b の正の交点の数から，負の交点の数を引いたものである．このとき，B_n から $\boldsymbol{C}$ への写像 χ_n を，B_n の元 b に対して，
$$\chi_n(b) = q^{-3w(b)/2} \operatorname{tr}_q(\pi_n(b))$$
で定義する．組紐と結び目の関係を表すマルコフの定理と，上の 2 つの命題から，この関数 χ_n は次の性質をもつ．

命題 2つの組紐 $b_1 \in B_{n_1}$ と $b_2 \in B_{n_2}$ を閉じてできる 2 つの結び目が同値な結び目となるとき，
$$\chi_{n_1}(b_1) = \chi_{n_2}(b_2)$$
が成り立つ．

証明 $b_1 \in B_{n_1}$ と $b_2 \in B_{n_2}$ を閉じてできる 2 つの結び目が同値な結び目なので，b_1 から b_2 にマルコフ変形を何回か施して変形することができる．そこで，この命題を証明するためには，b_1 から b_2 へ 1 回のマルコフ変形でうつるときに命題の式が成り立つことを示せばよい．そのために，次の 3 つの関係式を示す．

（1） $b_1, b_2 \in B_n$ に対し，
$$\chi_n(b_1 b_2) = \chi_n(b_2 b_1)$$
（2） $b \in B_n$ に対し，
$$\chi_n(b) = \chi_{n+1}(\iota_n(b)\,\sigma_n)$$
（3） $b \in B_n$ に対し，
$$\chi_n(b) = \chi_{n+1}(\iota_n(b)\,\sigma_n^{-1})$$

まず，1 番目の関係式は，2 つ前の命題から
$$\begin{aligned}
\chi_n(b_1 b_2) &= q^{-3w(b_1 b_2)/2} \operatorname{tr}_q(\pi_n(b_1 b_2)) \\
&= q^{-3w(b_1 b_2)/2} \operatorname{tr}_q(\pi_n(b_2 b_1)) \\
&= \chi_n(b_2 b_1)
\end{aligned}$$

となる.

2番目の関係式は, 1つ前の命題から

$$\begin{aligned}\chi_n(b) &= q^{-3w(b)/2}\,\mathrm{tr}_q(\pi_n(b)) \\ &= q^{-3w(b)/2}\,q^{-3/2}\,\mathrm{tr}_q(\pi_{n+1}(\iota_n(b))\,R_n) \\ &= \chi_{n+1}(\iota_n(b)\,\sigma_n)\end{aligned}$$

となる.

3番目の関係式も, 1つ前の命題から2番目の場合と同様に証明される.

証明終

上で定義された関数は結び目の不変量となるが, これは, ジョーンズ多項式と一致する.

定理 $b \in B_n$ と, それを閉じてできる結び目 K に対し,

$$\chi_n(b) = (q+q^{-1})\,V_K(t)|_{t^{1/2}=-q}$$

が成り立つ. ここで, $V_K(t)|_{t^{1/2}=-q}$ は, $V_K(t)$ で $t^{1/2}$ を $-q$ で置き換えたもののことである.

証明 まず, χ_n がスケイン関係式を満たすことを示す. そのために, B_n の3つの元 b_+, b_-, b_0 を

$$b_+ = b_1\,\sigma_i\,b_2, \quad b_- = b_1\,\sigma_i^{-1}\,b_2, \quad b_0 = b_1\,b_2$$

とすると,

$$\begin{aligned}\chi_n(b_+) &= \chi_n(b_1\,\sigma_i\,b_2) \\ &= q^{-3(w(b_1 b_2)+1)/2}\,\mathrm{tr}_q(\pi_n(b_1\,\sigma_i\,b_2)) \\ &= q^{-3(w(b_1 b_2)+1)/2}\,\mathrm{tr}_q(\pi_n(b_1)\,R_i\,\pi_n(b_2)) \\ &= q^{-3w(b_1 b_2)/2-1}\,\mathrm{tr}_q(\pi_n(b_1)\,id\,\pi_n(b_2)) \\ &\quad - q^{-3w(b_1 b_2)/2-2}\,\mathrm{tr}_q(\pi_n(b_1)\,Q_i\,\pi_n(b_2))\end{aligned}$$

$$\begin{aligned}\chi_n(b_-) &= \chi_n(b_1\,\sigma_i^{-1}\,b_2) \\ &= q^{-3(w(b_1 b_2)-1)/2}\,\mathrm{tr}_q(\pi_n(b_1\,\sigma_i^{-1}\,b_2))\end{aligned}$$

$$= q^{-3(w(b_1 b_2)-1)/2}\,\mathrm{tr}_q(\pi_n(b_1)\,R_i^{-1}\,\pi(b_2))$$
$$= q^{-3w(b_1 b_2)+1}\,\mathrm{tr}_q(\pi_n(b_1)\,id\,\pi(b_2))$$
$$- q^{-3w(b_1 b_2)/2+2}\,\mathrm{tr}_q(\pi_n(b_1)\,Q_i\,\pi_n(b_2))$$

となる.したがって,

$$q^2\,\chi_n(b_+) - q^{-2}\,\chi_n(b_-) = q^{-3w(b_1 b_2)/2}\,(q-q^{-1})\,\mathrm{tr}_q(\pi_n(b_1 b_2))$$
$$= (q-q^{-1})\,\chi_n(b_1 b_2)$$

が成り立ち,ジョーンズ多項式で $t^{1/2} = -q$ とおいたときのスケイン関係式と同様の関係式を満たす.

また,B_1 の単位元 1 に対し,

$$\chi_1(1) = \mathrm{trace}(\rho_1(k)) = (q+q^{-1})$$

が成り立ち,上のスケイン関係式と合わせ,$(q+q^{-1})^{-1}\,\chi_n$ はジョーンズ多項式で $t = q^2$ とおいたものと同じ関係式を満たす.ところが,この関係式を満たす結び目の不変量は一意的に定まるので,$\chi_n(b)$ は,b を閉じてできる結び目の不変量のジョーンズ多項式で,$t^{1/2} = -q$ としたものに等しい.   証明終

4.6 普遍 R - 行列

4.6.1 R-行列の一般化

ここまで $\mathcal{U}_q(sl_2)$ の自然表現に関する中心化環について調べ,そのなかに R_i という組紐群の交差 σ_i に対応する元を構成した.この R_i は対称群の互換 $(i, i+1)$ の量子化ともみられる元である.一般に,任意のリー環の任意の表現に対し,その n 個のテンソル積表現に対称群 S_n がリー環の作用と可換になるように作用する.このことが量子化できるとすると,任意の量子展開環とその表現に対し,この表現の n 個のテンソル積に,組紐群 B_n が量子展開環の作用と可換になるように作用すると考えられる.このとき,組紐の交差 σ_i に対応する元を一般に R_i と書き,R-行列と呼ぶ.

ドリンフェルト（V. G. Drinfeld）は，量子展開環に対しこのような R_i を統一的に構成する方法をみつけた．ドリンフェルトの方法では，量子展開環そのもののテンソル積を考え，そのなかに R という元を構成してその表現による像が R_i となるようにしたのである．量子展開環 $\mathcal{U}_q(sl_2)$ は前に述べたようにホップ代数であり，余積 $\Delta : \mathcal{U}_q(sl_2) \to \mathcal{U}_q(sl_2) \otimes \mathcal{U}_q(sl_2)$ が次で定義されている．

$$\Delta(k) = k \otimes k, \quad \Delta(e) = e \otimes k + id \otimes e, \quad \Delta(f) = f \otimes id + k^{-1} \otimes f$$

この写像は，線形環としての準同型写像である．

さて，この余積に対し，成分を入れ替えた次の写像 $\tilde{\Delta}$ も余積の性質をもつ．

$$\tilde{\Delta}(k) = k \otimes k, \quad \tilde{\Delta}(e) = e \otimes id + k \otimes e, \quad \tilde{\Delta}(f) = f \otimes k^{-1} + id \otimes f$$

$\mathcal{U}_q(sl_2) \otimes \mathcal{U}_q(sl_2)$ のなかの $\mathcal{U}_q(sl_2)$ の Δ による像と $\tilde{\Delta}$ による像とは同型であるが，ドリンフェルトは，この同型を与える $\mathcal{U}_q(sl_2) \otimes \mathcal{U}_q(sl_2)$ の変換を，$\mathcal{U}_q(sl_2) \otimes \mathcal{U}_q(sl_2)$ の元を用いて与えたのである．

ドリンフェルトの方法を用いて $\mathcal{U}_q(sl_2) \otimes \mathcal{U}_q(sl_2)$ の元 R を次のように定義することができ，$\mathcal{U}_q(sl_2)$ の**普遍 R-行列**と呼ばれている．

$$R = q^{\frac{1}{2}H \otimes H} \sum_{n=0}^{\infty} \frac{(q - q^{-1})^n}{[n]!} q^{\frac{(n-1)n}{2}} (e^n \otimes f^n)$$

ここで，

$$[n] = \frac{q^n - q^{-n}}{q - q^{-1}}, \quad [n]! = [n][n-1] \cdots [1]$$

であり，H は，$q^H = k$ となる元のことである．H は，正確にいうと $\mathcal{U}_q(sl_2)$ の元とはいえないが，$q^H = k$ という解釈で，$\mathcal{U}_q(sl_2)$ の元のように扱うことができる．また，$q^{\frac{1}{2}H \otimes H}$ も $\mathcal{U}_q(sl_2) \otimes \mathcal{U}_q(sl_2)$ の元とはいえないものであるが，表現を考えているときは，k の表現 $\rho(k)$ に対し，$q^X = \rho(k)$ となる X を H の表現と考え，この X を用いて，$q^{\frac{1}{2}H \otimes H}$ の表現を $q^{\frac{1}{2}X \otimes X}$ と定義する．さらに，R は無限個の元の和で定義されているので，収束についても考えないといけないのであるが，$sl(2, \boldsymbol{C})$ の表現に対応する $\mathcal{U}_q(sl_2)$ の表現については R

4.6 普遍 R-行列

の像が収束することがわかっている. R は次の性質をもつ.

命題 $\mathcal{U}_q(sl_2)$ の任意の元 x に対し,

$$R\,\Delta(x) = \tilde{\Delta}(x)\,R$$

となる.

証明 $x = k, e, f$ それぞれの場合について計算して確かめる.

$x = k$ の場合, $\Delta(k) = k \otimes k$ と $q^{\frac{1}{2}H \otimes H}$ とは可換であり, $ke^n = q^{2n} e^n k$, $kf^n = q^{-2n} f^n k$ となり, $\Delta(k) = \tilde{\Delta}(k)$ なので,

$$R\,\Delta(k) = \tilde{\Delta}(k)\,R$$

となる.

$x = e$ の場合は $\Delta(e) = e \otimes k + id \otimes e$, $\tilde{\Delta}(e) = e \otimes id + k \otimes e$ である. また, $ke = q^2 ek$ より, $k = q^H$ とおくと, $q^H e = q^2 e q^H$ となるが, $q = \exp(h)$ として, h で微分してから $h = 0$ とすると,

$$He - eH = 2e$$

という関係式が得られる. さらに次の関係式が成り立つ.

公式 1 $\quad q^{\frac{1}{2}H \otimes H}\,(id \otimes e) = (k \otimes e)\, q^{\frac{1}{2}H \otimes H}$

証明 $q = \exp(h)$ とおくと,

$$q^{\frac{1}{2}H \otimes H} = \sum_{n=0}^{\infty} \frac{h^n}{2^n n!}\, H^n \otimes H^n$$

となる. 一方, $He - eH = 2H$ より,

$$H^n e = H^{n-1} eH + 2H^{n-1} e$$
$$= H^{n-1} e\,(H + 2\,id)$$
$$= H^{n-2} e\,(H + 2\,id)^2$$
$$\cdots\cdots$$
$$= e\,(H + 2\,id)^n$$

となる. よって,

$$q^{\frac{1}{2}H\otimes H}(id \otimes e) = \sum_{n=0}^{\infty} \frac{h^n}{2^n n!} H^n \otimes (H^n e)$$

$$= \sum_{n=0}^{\infty} \frac{h^n}{2^n n!} H^n \otimes (e(H + 2\,id)^n)$$

$$= (id \otimes e)\, q^{\frac{1}{2}H\otimes H + H\otimes id}$$

$$= (k \otimes e)\, q^{\frac{1}{2}H\otimes H}$$

となり, 公式 1 が証明された. **証明終**

公式 2 $q^{\frac{1}{2}H\otimes H}(e \otimes k^{-1}) = (e \otimes id)\, q^{\frac{1}{2}H\otimes H}$

証明 まず, 公式 1 と同様にして

$$q^{\frac{1}{2}H\otimes H}(e \otimes id) = (e \otimes k)\, q^{\frac{1}{2}H\otimes H}$$

が成り立つ. さらに,

$$q^{\frac{1}{2}H\otimes H}(id \otimes k^{-1}) = (id \otimes k^{-1})\, q^{\frac{1}{2}H\otimes H}$$

となるので,

$$q^{\frac{1}{2}H\otimes H}(e \otimes k^{-1}) = q^{\frac{1}{2}H\otimes H}(e \otimes id)(id \otimes k^{-1})$$

$$= (e \otimes k)\, q^{\frac{1}{2}H\otimes H}(id \otimes k^{-1})$$

$$= (e \otimes k)(id \otimes k^{-1})\, q^{\frac{1}{2}H\otimes H}$$

$$= (e \otimes id)\, q^{\frac{1}{2}H\otimes H}$$

となり, 公式 2 が成り立つ. **証明終**

公式 3 $f^n e = e f^n - [H + n - 1][n]\, f^{n-1}$

ただし,

$$[H + n - 1] = \frac{q^{n-1}q^H - q^{-n+1}q^{-H}}{q - q^{-1}} = \frac{q^{n-1}k - q^{-n+1}k^{-1}}{q - q^{-1}}$$

である.

証明 次のように計算していく.

$$
\begin{aligned}
f^n e &= f^{n-1} e f - f^{n-1} \frac{k - k^{-1}}{q - q^{-1}} \\
&= f^{n-1} e f - \frac{q^{2n-2} k - q^{-2n+2} k^{-1}}{q - q^{-1}} f^{n-1} \\
&= f^{n-2} e f^2 - f^{n-2} \frac{k - k^{-1}}{q - q^{-1}} - \frac{q^{2n-2} k - q^{-2n+2} k^{-1}}{q - q^{-1}} f^{n-1} \\
&= f^{n-2} e f^2 - \frac{(q^{2n-2} + q^{2n-4}) k - (q^{-2n+2} + q^{-2n+4}) k^{-1}}{q - q^{-1}} f^{n-1} \\
&= \cdots\cdots \\
&= e f^n - \frac{(q^{2n-2} + q^{2n-4} + \cdots + 1) k - (q^{-2n+2} + q^{-2n+4} + \cdots + 1) k^{-1}}{q - q^{-1}} f^{n-1} \\
&= e f^n - \frac{q^{n-1} [n] k - q^{-n+1} [n] k^{-1}}{q - q^{-1}} f^{n-1} \\
&= e f^n - [H + n - 1] [n] f^{n-1}
\end{aligned}
$$

となり,公式3が成り立つことがわかる. **証明終**

命題の証明を続ける.公式3から,

$$(e^n \otimes f^n)(id \otimes e) = (id \otimes e)(e^n \otimes f^n) - (id \otimes [H + n - 1])[n](e^n \otimes f^{n-1})$$

が成り立ち,さらに

$$(e^n \otimes f^n)(e \otimes k) = q^{2n}(e \otimes k)(e^n \otimes f^n)$$

となるので,

$$
\begin{aligned}
R \Delta(e) &= q^{\frac{1}{2} H \otimes H} \sum_{n=0}^{\infty} \frac{(q - q^{-1})^n}{[n]!} q^{\frac{(n-1)n}{2}} (e^n \otimes f^n)(e \otimes k + id \otimes e) \\
&= q^{\frac{1}{2} H \otimes H} \sum_{n=0}^{\infty} \frac{(q - q^{-1})^n}{[n]!} q^{\frac{(n-1)n}{2}}
\end{aligned}
$$

$$\times \left((q^{2n} e \otimes k + id \otimes e)(e^n \otimes f^n) - [n](id \otimes [H+n-1])(e^n \otimes f^{n-1}) \right)$$

$$= q^{\frac{1}{2}H \otimes H} \sum_{n=0}^{\infty} \frac{(q-q^{-1})^n}{[n]!} q^{\frac{(n-1)n}{2}}$$

$$\times \left((q^{2n} e \otimes k + id \otimes e)(e^n \otimes f^n) - [n](e \otimes [H+n-1])(e^{n-1} \otimes f^{n-1}) \right)$$

ここで $n-1$ で和をとっている部分をずらして n で和をとるように書き換えると,

$$上式 = q^{\frac{1}{2}H \otimes H} \sum_{n=0}^{\infty} \left(\frac{(q-q^{-1})^n}{[n]!} q^{\frac{(n-1)n}{2}} (q^{2n} e \otimes k + id \otimes e) \right.$$
$$\left. - \frac{(q-q^{-1})^{n+1}}{[n+1]!} [n+1] q^{\frac{n(n+1)}{2}} (e \otimes [H+n]) \right) (e^n \otimes f^n)$$

$$= q^{\frac{1}{2}H \otimes H} \sum_{n=0}^{\infty} \left(\frac{(q-q^{-1})^n}{[n]!} q^{\frac{(n-1)n}{2}} (q^{2n} e \otimes k + id \otimes e) \right.$$
$$\left. - \frac{(q-q^{-1})^{n+1}}{[n]!} q^{\frac{n(n+1)}{2}} (e \otimes [H+n]) \right) (e^n \otimes f^n)$$

$$= q^{\frac{1}{2}H \otimes H} \sum_{n=0}^{\infty} \frac{(q-q^{-1})^n}{[n]!} q^{\frac{(n-1)n}{2}} \left((q^{2n} e \otimes k + id \otimes e) \right.$$
$$\left. - (q-q^{-1}) q^n (e \otimes [H+n]) \right) (e^n \otimes f^n)$$

$$= q^{\frac{1}{2}H \otimes H} \sum_{n=0}^{\infty} \frac{(q-q^{-1})^n}{[n]!} q^{\frac{(n-1)n}{2}} \left((q^{2n} e \otimes k + id \otimes e) \right.$$
$$\left. - q^n (e \otimes (q^n k - q^{-n} k^{-1})) \right) (e^n \otimes f^n)$$

$$= q^{\frac{1}{2}H \otimes H} \sum_{n=0}^{\infty} \frac{(q-q^{-1})^n}{[n]!} q^{\frac{(n-1)n}{2}} (e \otimes k^{-1} + id \otimes e)(e^n \otimes f^n)$$

$$= q^{\frac{1}{2}H \otimes H} (e \otimes k^{-1} + id \otimes e) \sum_{n=0}^{\infty} \frac{(q-q^{-1})^n}{[n]!} q^{\frac{(n-1)n}{2}} (e^n \otimes f^n)$$

となるが,ここで公式 1, 2 を使うと

$$上式 = (e \otimes id + k \otimes e) q^{\frac{1}{2}H \otimes H} \sum_{n=0}^{\infty} \frac{(q-q^{-1})^n}{[n]!} q^{\frac{(n-1)n}{2}} (e^n \otimes f^n)$$

$$= \tilde{\Delta}(e)\, R$$

となり，$R\,\Delta(e) = \tilde{\Delta}(e)\, R$ が示された．

$x = f$ の場合も $x = e$ の場合と同様に証明される．　　　　　命題の証明終

4.6.2　三角関係式と組紐関係式

さらに，このように定義された R は，$\mathrm{End}(T^3(V))$ 中で次の**三角関係式**と呼ばれる関係を満たす．

命題　$(\Delta \otimes id)(R) = R_{13}\, R_{23}, \quad (id \otimes \Delta)(R) = R_{13}\, R_{12}$

ただし，R_{ij} は，テンソル積の i 番目と j 番目に R で作用することを表している．

証明　計算で示す．2 番目の式も 1 番目と同様にしてできる．まず，Δ が線形環としての準同型写像であることから，

$$(\Delta \otimes id)\, R$$
$$= q^{\frac{1}{2}\Delta(H) \otimes H} \sum_{n=0}^{\infty} q^{\frac{(n-1)n}{2}} \frac{(q - q^{-1})^n}{[n]!} (\Delta(e)^n \otimes f^n)$$
$$= q^{\frac{1}{2}(H \otimes id + id \otimes H) \otimes H} \sum_{n=0}^{\infty} q^{\frac{(n-1)n}{2}} \frac{(q - q^{-1})^n}{[n]!} ((e \otimes k + id \otimes e)^n \otimes f^n)$$

となる．ここで，

公式 4　$(k + e)^n = \displaystyle\sum_{i=0}^{n} q^{-(n-i)i} \begin{bmatrix} n \\ i \end{bmatrix} k^{n-i}\, e^i$

を使う．ただし，

$$\begin{bmatrix} n \\ i \end{bmatrix} = \frac{[n]!}{[i]!\,[n-i]!}$$

である．

証明 数学的帰納法による．$n=0$ のときは両辺とも 1 で成り立つ．$n-1$ まで成り立つとすると，

$$\begin{aligned}(k+e)^n &= (k+e)^{n-1}(k+e) \\ &= \sum_{i=0}^{n-1} q^{-(n-i-1)i} \begin{bmatrix} n-1 \\ i \end{bmatrix} k^{n-i-1} e^i (k+e) \\ &= \sum_{i=0}^{n-1} q^{-(n-i-1)i} \begin{bmatrix} n-1 \\ i \end{bmatrix} k^{n-i-1} e^{i+1} \\ &\quad + \sum_{i=0}^{n-1} q^{-(n-i-1)i} \begin{bmatrix} n-1 \\ i \end{bmatrix} k^{n-i-1} e^i k \\ &= \sum_{i=1}^{n} q^{-(n-i)(i-1)} \begin{bmatrix} n-1 \\ i-1 \end{bmatrix} k^{n-i} e^i \\ &\quad + \sum_{i=0}^{n-1} q^{-(n-i-1)i} q^{-2i} \begin{bmatrix} n-1 \\ i \end{bmatrix} k^{n-i} e^i \\ &= \sum_{i=0}^{n} q^{-(n-i)i} \left(q^{(n-i)} \begin{bmatrix} n-1 \\ i-1 \end{bmatrix} + q^{-i} \begin{bmatrix} n-1 \\ i \end{bmatrix} \right) k^{n-i} e^i \end{aligned}$$

となる．ここで，

$$q^{(n-i)} \begin{bmatrix} n-1 \\ i-1 \end{bmatrix} + q^{-i} \begin{bmatrix} n-1 \\ i \end{bmatrix} = \begin{bmatrix} n \\ i \end{bmatrix}$$

となることがわかる（自分で確かめてみよう）ので，公式が証明される．

証明終

命題の証明に戻ろう．いま示した公式を使うと，

$$(e \otimes k + id \otimes e)^n = \sum_{i=0}^{n} q^{-(n-i)i} \begin{bmatrix} n \\ i \end{bmatrix} (e^{n-i} \otimes k^{n-i} e^i)$$

であり，また，前に使った公式1と，これの e を f に置き換えたものに対する関係式とから，

4.6 普遍 R-行列

$$q^{\frac{1}{2}id\otimes H\otimes H}\left(e^{n-i}\otimes k^{n-i}e^i\otimes f^n\right)$$
$$=(e^{n-i}\otimes k^{n-i}\otimes id)\, q^{\frac{1}{2}id\otimes H\otimes H}\left(id\otimes e^i\otimes f^n\right)$$
$$=(e^{n-i}\otimes k^{n-i}k^{-(n-i)}\otimes f^{n-i})\, q^{\frac{1}{2}id\otimes H\otimes H}\left(id\otimes e^i\otimes f^i\right)$$
$$=(e^{n-i}\otimes id\otimes f^{n-i})\, q^{\frac{1}{2}id\otimes H\otimes H}\left(id\otimes e^i\otimes f^i\right)$$

となる. したがって,

$$(\Delta\otimes id)\, R$$
$$= q^{\frac{1}{2}(H\otimes id+id\otimes H)\otimes H}\sum_{n=0}^{\infty}q^{\frac{(n-1)n}{2}}\frac{(q-q^{-1})^n}{[n]!}\left((e\otimes k+id\otimes e)^n\otimes f^n\right)$$
$$= q^{\frac{1}{2}H\otimes id\otimes H}\, q^{\frac{1}{2}id\otimes H\otimes H}\sum_{n=0}^{\infty}q^{\frac{(n-1)n}{2}}\frac{(q-q^{-1})^n}{[n]!}$$
$$\times\left(\sum_{i=0}^{n}q^{-(n-i)i}\begin{bmatrix}n\\i\end{bmatrix}(e^{n-i}\otimes k^{n-i}e^i)\otimes f^n\right)$$
$$= q^{\frac{1}{2}H\otimes id\otimes H}\sum_{n=0}^{\infty}q^{\frac{(n-1)n}{2}}$$
$$\times\left(\sum_{i=0}^{n}q^{-(n-i)i}\frac{(q-q^{-1})^n}{[n]!}\begin{bmatrix}n\\i\end{bmatrix}q^{\frac{1}{2}id\otimes H\otimes H}\left(e^{n-i}\otimes k^{n-i}e^i\right)\otimes f^n\right)$$
$$= q^{\frac{1}{2}H\otimes id\otimes H}\sum_{n=0}^{\infty}q^{\frac{(n-1)n}{2}}\sum_{i=0}^{n}q^{-(n-i)i}\frac{(q-q^{-1})^{n-i}(q-q^{-1})^i}{[n-i]!\,[i]!}$$
$$\times (e^{n-i}\otimes id\otimes f^{n-i})\, q^{\frac{1}{2}id\otimes H\otimes H}\left(id\otimes e^i\otimes f^i\right)$$

ここで, n のかわりに $j=n-i$ で和をとるようにすると,

$$\text{上式}=q^{\frac{1}{2}H\otimes id\otimes H}\sum_{j=0}^{\infty}q^{\frac{(i+j-1)(i+j)}{2}}\sum_{i=0}^{\infty}q^{-ji}\frac{(q-q^{-1})^j(q-q^{-1})^i}{[j]!\,[i]!}$$
$$\times (e^j\otimes id\otimes f^j)\, q^{\frac{1}{2}id\otimes H\otimes H}\left(id\otimes e^i\otimes f^i\right)$$
$$= q^{\frac{1}{2}H\otimes id\otimes H}\sum_{j=0}^{\infty}\frac{(q-q^{-1})^j}{[j]!}q^{\frac{(j-1)(j)}{2}}(e^j\otimes id\otimes f^j)$$

$$\times q^{\frac{1}{2}id\otimes H\otimes H}\sum_{i=0}^{n}q^{(i-1)i/2}\frac{(q-q^{-1})^i}{[i]!}(id\otimes e^i\otimes f^i)$$

$$=R_{13}R_{23}$$

となり，命題が証明された． **命題の証明終**

この関係式がなぜ三角関係式と呼ばれるかというと，R に関するものが 3 つ出てくるからである．また，この関係式は，図で考えると，R が紐の交差に対応していて，余積 Δ は，紐を 2 重にすることに対応するので，交差において，一方の紐を 2 重にしたときにどうなるかという関係を表したものと考えられる．ただし，普遍 R-行列の場合は，紐と $\mathcal{U}_q(sl_2)$ が対応していて，図で表したとき，交差の後では，紐の順番とテンソル積の順番とが入れ替わっているとみる必要があり，以前の対応とは異なっている．

さて，ρ を $\mathcal{U}_q(sl_2)$ の，ある線形空間 V を表現空間とする線形表現としよう．このとき，V の 2 階のテンソル積 $T^2(V)$ に対し，$(\rho\otimes\rho)(R)$ は，$\mathrm{End}(T^2(V))$ の元となるが，R と，$\mathcal{U}_q(sl_2)$ の元の余積とが可換だったことから，

$$(\rho\otimes\rho)(R)\in\mathrm{End}_{\mathcal{U}_q(sl_2)}(T^2(V))$$

となる．さらに，$\mathrm{End}(T^n(V))$ の元 R_i^u を，$T^n(V)$ の i 番目と $i+1$ 番目に $(\rho\otimes\rho)(R)$ で作用し，残りの部分には恒等写像で作用する元とする．R_i^u と以前に定義した R とでは，テンソル積の順序が入れ替わっているところがあるので，

$$\check{R}_i^u = P\,R_i^u$$

とすると，

$$\check{R}_i^u \in \mathrm{End}_{\mathcal{U}_q(sl_2)}T^n(V)$$

となる．

命題 $\check{R}_i^u$ は組紐関係式

$$\check{R}_i^u\,\check{R}_{i+1}^u\,\check{R}_i^u = \check{R}_{i+1}^u\,\check{R}_i^u\,\check{R}_{i+1}^u$$

を満たす．

証明 普遍 R-行列が三角関係式を満たすことによる．簡単のため，$n=3$，$i=1$ の場合に証明する．P_{ij} を，$T^3(V)$ の i 番目と j 番目を入れ換える変換

4.6 普遍 R-行列

とし, R_{ij} を, $T^3(V)$ の i 番目と j 番目に $(\rho \otimes \rho)(R)$ で作用する変換とする. このとき,

$$\check{R}_1^u \check{R}_2^u \check{R}_1^u = P_{12} P_{23} P_{12} R_{23} R_{13} R_{12} = P_{12} P_{23} P_{12} R_{23} (id \otimes \Delta)(R)$$
$$= P_{23} P_{12} P_{23} (id \otimes \tilde{\Delta})(R) R_{23} = P_{23} P_{12} (id \otimes \Delta)(R) P_{23} R_{23}$$
$$= P_{23} P_{12} R_{13} R_{12} \check{R}_{23} = P_{23} R_{23} P_{12} R_{12} \check{R}_{23}$$
$$= \check{R}_{23} \check{R}_{12} \check{R}_{23}$$

となり, 組紐関係式が成り立つ. 　　　　　　　　　　　　　　　　証明終

4.6.3 普遍 R-行列の自然表現

ρ が $\mathcal{U}_q(sl_2)$ の自然表現の場合に $\check{R}_i^u$ が具体的に何になるかを計算しよう. まず, R^u の $T^2(V)$ への作用をみる. $\boldsymbol{v}_1, \boldsymbol{v}_2$ を, $\mathcal{U}_q(sl_2)$ の自然表現の定義のところで用いた V の基底とする. そして, $T^2(V)$ の基底を $\boldsymbol{v}_1 \otimes \boldsymbol{v}_1, \boldsymbol{v}_1 \otimes \boldsymbol{v}_2,$ $\boldsymbol{v}_2 \otimes \boldsymbol{v}_1, \boldsymbol{v}_2 \otimes \boldsymbol{v}_2$ という順序に並べて行列を考える. $\rho(k) = \begin{pmatrix} q & 0 \\ 0 & q^{-1} \end{pmatrix}$ より

$\rho(H) = \begin{pmatrix} 1 & 0 \\ 0 & -1 \end{pmatrix}$ となり, また, $\rho(e^j), \rho(f^j)$ は $j \geq 2$ のとき 0 となるので,

$$(\rho \otimes \rho)(R^u)$$
$$= q^{\frac{1}{2}\rho(H) \otimes \rho(H)} \left(id \otimes id + \frac{q - q^{-1}}{[1]!} (e \otimes f) \right)$$
$$= \begin{pmatrix} q^{1/2} & 0 & 0 & 0 \\ 0 & q^{-1/2} & 0 & 0 \\ 0 & 0 & q^{-1/2} & 0 \\ 0 & 0 & 0 & q^{1/2} \end{pmatrix} \left(I_4 + (q - q^{-1}) \begin{pmatrix} 0 & 0 & 0 & 0 \\ 0 & 0 & 1 & 0 \\ 0 & 0 & 0 & 0 \\ 0 & 0 & 0 & 0 \end{pmatrix} \right)$$
$$= \begin{pmatrix} q^{1/2} & 0 & 0 & 0 \\ 0 & q^{-1/2} & q^{1/2} - q^{-3/2} & 0 \\ 0 & 0 & q^{-1/2} & 0 \\ 0 & 0 & 0 & q^{1/2} \end{pmatrix} \quad (I_4 \text{ は } 4 \times 4 \text{ の単位行列})$$

となり，

$$(\rho \otimes \rho)(\check{R}^u) = P(\rho \otimes \rho)(R^u) = \begin{pmatrix} q^{1/2} & 0 & 0 & 0 \\ 0 & 0 & q^{-1/2} & 0 \\ 0 & q^{-1/2} & q^{1/2} - q^{-3/2} & 0 \\ 0 & 0 & 0 & q^{1/2} \end{pmatrix}$$

となる．$\check{R}^u_i$ は，$T^n(V)$ のテンソル積の第 i 成分と $i+1$ 成分に，上で求めた行列から定まる作用として表現される．この，普遍 R-行列の表現は，自然表現の場合の R-行列として求めた $\mathrm{End}_{\mathcal{U}_q(sl_2)}(T^n(V))$ の元 $R_i = q^{1/2} id - q^{-1/2} Q_i$ と一致しており，確かに普遍と呼ぶに値するものとなっている．

問題 このこと，つまり普遍 R-行列の $\mathrm{End}_{\mathcal{U}_q(sl_2)}(T^n(V))$ の表現が，自然表現の場合の R-行列として求めた $\mathrm{End}_{\mathcal{U}_q(sl_2)}(T^n(V))$ の元 $R_i = q^{1/2} id - q^{-1/2} Q_i$ と一致することを確かめよ．

4.6.4 既約表現上の普遍 R-行列

$V = \boldsymbol{C}^2$ を自然表現 ρ の表現空間とし，$\mathcal{U}_q(sl_2)$ の自然表現の対称テンソル積表現 $\rho^{(r)}$ に対応する表現空間 $S^r_q(V)$ を $V^{(r)}$ と書くことにする．ρ の r 階のテンソル積表現 ρ_r の $V^{(r)}$ への制限を $\rho^{(r)}$ とする．また，$\boldsymbol{v}^{(r)}_0, \boldsymbol{v}^{(r)}_1, \cdots, \boldsymbol{v}^{(r)}_r$ を，自然表現の対称テンソル積のところ（4.2.5 項）で定義した $V^{(r)} = S^r_q(V)$ の基底とする．このとき，$(\rho^{(r)} \otimes \rho^{(r)})(\check{R}^u)$ は，次のようになる．

$$(\rho^{(r)} \otimes \rho^{(r)})(\check{R}^u)(\boldsymbol{v}^{(r)}_i \otimes \boldsymbol{v}^{(r)}_j) =$$
$$\sum_{n=0}^{\min\{i,r-j\}} q^{\frac{(r-2i+2n)(r-2j-2n)+n(n-1)}{2}} \frac{(q-q^{-1})^n}{[n]!} \frac{[r-i+n]![i]!}{[r-i]![i-n]!} (\boldsymbol{v}^{(r)}_{j+n} \otimes \boldsymbol{v}^{(r)}_{i-n})$$

これを，$R^{(r)}$ と書くことにすると，自然表現のときと同じように，$R^{(r)}_i \in \mathrm{End}_{\mathcal{U}_q(sl_2)}(T^n(V^{(r)}))$ を定義することができ，これらが組紐関係式を満たす．

問題 $\boldsymbol{u}^{(r)}_k = \boldsymbol{v}^{(r)}_k / [k]!$ としたとき，基底 $\{\boldsymbol{v}^{(r)}_1 \boldsymbol{v}^{(r)}_2, \cdots, \boldsymbol{v}^{(r)}_r\}$ のかわりに基底 $\{\boldsymbol{u}^{(r)}_1, \boldsymbol{u}^{(r)}_2, \cdots, \boldsymbol{u}^{(r)}_r\}$ を用いて $R^{(r)}$ を表示してみよ．

解答

$(\rho^{(r)} \otimes \rho^{(r)})(\check{R}^u)(\boldsymbol{u}_i^{(r)} \otimes \boldsymbol{u}_j^{(r)})$

$= \displaystyle\sum_{n=0}^{\min\{i,r-j\}} q^{\frac{(r-2i+2n)(r-2j-2n)+n(n-1)}{2}} \frac{(q-q^{-1})^n}{[n]!} \frac{[r-i+n]![j+n]!}{[r-i]![j]!} (\boldsymbol{u}_{j+n}^{(r)} \otimes \boldsymbol{u}_{i-n}^{(r)})$

(この表示がよく使われる.)

4.6.5 既約表現に対応する不変量

普遍 R-行列の表現が組紐関係式を満たすことより,$V^{(r)}$ の n 階のテンソル積空間 $T^n(V^{(r)})$ 上に,組紐群 B_n の表現を構成することができる.この表現を $\pi_n^{(r)}$ と書く.すなわち,

$$\pi_n^{(r)}(\sigma_i) = R_i^{(r)}, \quad \pi_n^{(r)}(\sigma_i^{-1}) = R_i^{(r)^{-1}}$$

である.$\mathcal{U}_q(sl_2)$ の表現 $\rho^{(r)}$ に対応する表現空間 $S_q^r(V)$ に関しても,$\text{End}_{\mathcal{U}_q(sl_2)}(T^n(S_q^r))$ の元に対し,量子化されたトレース $\text{tr}_q^{(r)}$ を定義することができる.$x \in \text{End}_{\mathcal{U}_q(sl_2)}(T^n(S_q^r))$ に対し,

$$\text{tr}_q^{(r)}(x) = \text{trace}((\rho^{(r)}(k) \otimes \rho^{(r)}(k) \otimes \cdots \otimes \rho^{(r)}(k))(x))$$

とする.さらに,先に定義した表現 $\pi_n^{(r)}$ と合わせ,$\chi_n^{(r)} : B_n \to \boldsymbol{C}$ を次で定義する.

$$\chi_n^{(r)}(b) = q^{\frac{r(r+2)}{2}w(b)} \text{tr}_q^{(r)}(\pi_n^{(r)}(b))$$

ここで $w(b)$ は何回も出てきているように,組紐 b のねじり数,すなわち,正の交点の数から負の交点の数を引いたものである.こうすると,$\chi_n^{(r)}(b)$ はマルコフ変形で不変な数となり,組紐 b の閉包の表す結び目の不変量となる.

4.6.6 ジョーンズ多項式の平行化との関係

最後に,いま定義した $\chi_n^{(r)}$ と,ジョーンズ多項式の平行化との関係を述べて終わることとしたい.前に定義したように,結び目 K に対し,$V_K^{(r)}(t)$ で,ジョーンズ多項式 $V_K(t)$ の平行化を表す.ジョーンズ多項式は,$\mathcal{U}_q(sl_2)$ の自然表現の R-行列から定まり,ジョーンズ多項式の r-重平行化は,そのまま自然表現の r 階のテンソル積と対応している.そこで,テンソル積表現の既約表

現への分解を使うと，閉包が1成分の結び目になる組紐 $b \in B_n$ に対して次の関係式が得られる.

$$(q+q^{-1})V_{\hat{b}}^{(r)}(q^2) = \sum_{k=0}^{\overset{\text{r/2 を超えない}}{\text{最大の整数}}} \frac{(r-2k+1)\,r!}{k!\,(r-k+1)!} \chi_n^{(r-2k)}(b)$$

係数 $\frac{(r-2k+1)\,n!}{k!\,(r-k+1)!}$ は，テンソル積表現における既約表現の重複度と呼ばれる数を表しており，整数である．

4.6.7 一般の量子群と結び目の不変量

ここまで，ジョーンズ多項式の背景にある $U_q(sl_2)$ について，長々と説明してきたが，sl_2 以外の単純リー環に対応する量子展開環の普遍 R-行列からも同じ考え方で結び目の不変量を構成することができる．sl_n の自然表現に対応するのがホンフリー多項式となり，so_n の自然表現に対応するのがカウフマン多項式となる．また，これらの量子展開環の自然表現ではない表現からも結び目不変量が定義され，これらを総称して量子不変量と呼んでいる．

ミュータントな結び目を見分けるにはホンフリー多項式の3重平行化が有効なことを解説したが，これは，sl_n の自然表現の3階のテンソル積に対応するものである．さらにこの3階のテンソル積を既約表現に分けると，ジョーンズ多項式の平行化の場合と同様に，平行化した不変量が既約表現に対応する不変量の和となるのであるが，実際にミュータントな結び目を区別しているのは，3の分割 $(2,1)$ に対応する既約表現であることがわかる．

さらに，既約表現はまだまだ無数に存在し，非常に多くの結び目の不変量が存在するので，これらによりすべての結び目が分類できるのではないかと考えるのは自然なことである．この問題はまだ解決されていないが，この本の読者のなかからこれにアタックする者が現れることを期待したい．

参 考 図 書

[1] J. S. Birman, Braids, links and mapping class groups, Ann. of Math. Studies **82**, Princeton University Press (1974).
[2] 堀田良之, 加群十話, すうがくぶっくす 3, 朝倉書店 (1988).
[3] 岩堀長慶, 対称群と一般線形群の表現論, 岩波講座基礎数学, 岩波書店 (1978).
[4] 神保道夫, 量子群とヤン・バクスター方程式, シュプリンガー・フェアラーク東京 (1990).
[5] 児玉宏児, KNOT プログラム.
 http://www.math.kobe-u.ac.jp/~kodama/
[6] 落合豊行, Knot Theory by Computer.
 ftp://ftp.ics.nara-wu.ac.jp/pub/ochiai/
[7] 落合豊行・山田修司・豊田英美子, コンピュータによる結び目理論入門, 数理情報科学シリーズ 14, 牧野書店 (1996).
[8] 大槻知忠編著, 量子不変量, 日本評論社 (1999).
[9] K. A. Perko, On the classifications of knot, Proc. Amer. Math. Soc. **45** (1974), 262-266.
[10] 田村一郎, トポロジー, 岩波全書, 岩波書店 (1972).
[11] 山田修司, 自明な Jones 多項式をもつ結び目について, 作間　誠 編集, 研究集会報告集「結び目の数理」, pp.39-45, 関西セミナーハウス (1999).

　この本では, おもにジョーンズ多項式の場合について, 量子群との関連について詳しく解説したが, 量子不変量のさまざまな広がりが文献 [8] に解説されている. また, トポロジーの基礎を勉強するための教科書として, 文献 [10] をあげておく. 対称群などの表現論については, 文献 [3] をみる前に文献 [2] を読むと, 理解しやすい. 結び目不変量などの計算には [5] や [6] が便利であり, この本のなかでも何ヶ所かはこれらのソフトで計算した. また, 結び目の図の多くも [6] を用いて描いた.
　なお, 執筆にあたり [5],[6] に合わせ下記のソフトを使用した. これらの有用なソフトの制作者に感謝する.
　Textures (Blue Sky Research), JTeX (小磯憲史作), クラリスインパクト (Apple Computer), Illustrator (Adobe), Photoshop (Adobe), StudioPro (Strata), Shade (Expression Tools)

索　引

ア　行

アフィン変換群　96
あみだくじ　136
R-行列　155
アルティンの定理　74
アレキサンダー多項式　3, 51
アレキサンダーの定理　78
あわび結び　17

1次表現　108
一般化された内積　100
一般線形群　84, 96

エルミート内積　86

追い越し数　70
折り返し　87

カ　行

カウフマン（L. H. Kauffman）　43
カウフマン多項式　55
可換　124
可換群　67
カップ積　153
加法群　67
関係式　44, 72

気体運動論　31
樹下–寺坂結び目　63
逆元　67, 76
既約表現　97, 118, 146

キャップ積　153
鏡像　28, 53
行列式表現　101
局所エネルギー　34
曲率　111

組紐　66, 73
　　——の積　74
　　——を閉じる　78
組紐関係式　77
組紐群　75
群　66
群環　80

結合律　67, 148
けまん結び　17
原点を中心とする角 θ の回転　87

交代テンソル　106
交代テンソル積空間　156
交代テンソル積表現　107
恒等置換　72
合同変換　87
合同変換群　95
互換　72
コホモロジー群　153
ゴム膜　10
固有部分空間　126
コンウェイ（J. H. Conway）　4, 51
　　——の11交点結び目　63
コンツェビッチ（M. Kontsevich）　5

サ 行

最小交点数 22
左正則表現 100
作用 89
作用素 154
作用素環論 23
三角関係式 173
3 彩色数 35
　——の局所性 38
3 次元球面 94
3 重平行化 64
散乱理論 144

次数 130
次数 n の元 130
次数付きの環 130
自然表現 101, 108, 122, 177
実数 67
自明な 1 次表現 101
自明な結び目 2, 17, 25, 26, 51, 56
シューアの補題 133, 135
自由線形環 145
自由代数 145
重複度 134
準同型写像 69
準同型定理 69
商環 81
商群 69
状態エネルギー 32
状態和 31, 33
商表現 97, 118
乗法群 67
ジョーンズ（V. F. R. Jones）23
ジョーンズ環 81, 159
ジョーンズ代数 81
ジョーンズ多項式 3, 23
　——の平行化 179
神保（M. Jimbo）4, 144

スケイン関係式 23
スピン 32

正規部分群 69
制限 97, 118
斉次元 130
生成元 72, 123
　——と関係式による表示 72
正則射影図 10
正則表現 100
正値性 100
正の交点 48
成分数 21
接線 111
接平面 112
接ベクトル空間 113
線形環 80
線形置換表現 100
線形表現 96, 118, 146

双線形性 100
双対表現 102, 120
速度ベクトル 113

タ 行

対称群 70
対称性 84
対称テンソル 106
対称テンソル空間 106
対称テンソル積空間 156
対称テンソル積表現 107, 109, 124
対数 119
大統一理論 143
単位元 67
単位表現 101, 105

置換群 70
置換表現 100
中心 95
直交群 84

テーム 9
テンソル積 65
テンソル積代数 130
テンソル積表現 104, 135, 148

索　引

等質性　110
同値　97
同値変形　73
特殊線形群　84
特殊直交群　84
特殊ユニタリ群　86
トーラス結び目　16
ドリンフェルト（V. G. Drinfeld）　4, 168
トレース　81

　　　　　ナ　行

内積　84, 100

2階のテンソル積空間　108
2重平行化　61
2面体群　92

塗り分け条件　35

ねじり数　48

　　　　　ハ　行

パーコ（K. A. Perko）　3
バシリフ（V. A. Vassiliev）　5
8の字結び目　15, 30, 59
半単純な表現　98
半直積　91

非可換多項式　132
非可換多項式環　132, 145
左イデアル　81
左回り　44
左三葉結び目　14, 52, 59
表現空間　96
標準基底　85
標準的な線形置換表現　100

フィルター付きの環　131
符号　70
符号表現　101
負の交点　48
部分群　68

部分表現　97
普遍 R-行列　168
普遍展開環　130
不変部分空間　97, 118, 146
普遍包絡環　130
不変量　3, 21
　──の平行化　61

平行移動　95
平行化　60, 179
閉包　78

母関数　141
ホップ代数　153
ホップリンク　18, 26, 52, 56
ホモロジー群　153
ボルツマン（L. Boltzmann）　32
　──の重み　34
ボロミアン環　18
ホワイトヘッドリンク　18
ポワンカレの双対性　153
ホンフリー（HOMFLY）多項式　53

　　　　　マ　行

マックスウェル–ボルツマンの速度分布法則　32
マルコフトレース　81
マルコフの定理　78
マルコフ変形　79

右イデアル　81
右回り　43
右三葉結び目　14, 26, 52, 58
三葉結び目　7
ミュータント　64

結び目　7
　──の図　10
　──の平行化　61
結び目解消数　22

ヤ 行

ヤコビ律　118

有限型不変量　5
有限次元既約表現　126
ユニタリ行列　92
ユニタリ群　86

余可換　152
余結合律　151
余積　154

ラ 行

ライデマイスター変形　11

リー群　83
リー積　117
リー環　4, 116
リー代数　116
両側イデアル　81
量子化　143
量子群　4, 143
量子展開環　4, 145
量子不変量　4
リンク　8

連続変形　1, 10

ワ 行

ワイルド　9

編集者との対話

E: 御執筆の苦労話をして下さい．

A: ジョーンズ多項式は，定義そのものは単純なのですが以前から知られていた不変量にはなかった様々な特徴をもっています．ジョーンズ多項式の性質は，同じ頃発見された量子群との関係からみると，少なくとも私にとっては大変納得できるものでした．この気分をなんとか伝えたいものだと思い，この本を書いたわけです．

前半では，様々な結び目の不変量について調べることでその特徴について慣れ親しみ，後半を読むことで，これらの特徴が量子群のどのような性質と関係しているかがわかるはずです．また，基本的な例について深く掘り下げて解説することで，抽象的な一般論に惑わされることなく，ストレートに本質に迫れたのではないかと思います．

E: 後半が特にじょうずに書けていますね．

A: 量子群に関しては神保さんの大変よく書けた本（『量子群とヤン・バクスター方程式』，文献 [4]）があるのですが，古典的なリー群，リー環を知らない学生がいきなり読んでもなかなか意味がわからないようです．そこで，この本では，量子群のもととなっているリー群，リー環についても説明し，線形代数から量子群へ至る道筋を sl_2 という一番簡単な例を用いてたどることにしました．

また，結び目の不変量に限らず，量子群の表現論は数多くの応用があるので，リー群，リー環の表現と対応させながらみていくようにしました．量子群そのものはもっとも簡単な sl_2 に対応する場合でもどんなものか想像しにくいものなのですが，リー群の例である合同変換や相似変換のなす群といった身近なものと関連づけて少しでもイメージを広げてもらえたらと思います．

E: 予備知識としては何が必要ですか．大学1年生でも読めますか．2章までは絵で引っ張れる気がしますが．

A: そうですね．高校生相手にジョーンズ多項式の説明を試みたことがあるのですが，結び目と式とに対応を付け，結び目の変形と式の変形とを関連させる部分に新鮮

な驚きがあるようです．式を，関数を表すものとしてではなく本当に代数的なものとして扱えるようになるのは大学 2, 3 年になってからと思いますが，定義や計算法については大学 1 年生でもわかるのではないでしょうか．

E: リー群とリー環（第 3 章）になると，2 年生後半から 3 年生ですね．

A: ええ．線形代数にある程度慣れ親しんでいる必要があります．また，簡単に説明はしましたが群など簡単な代数系について多少とも知っていると読みやすいでしょう．リー群とリー環については，空間の対称性とも関係して，数学に限らず物理，化学などでも幅広く使われています．数学科では学部の授業では最近あまり取りあげられないのですが，それでも，大学院に進むといつの間にか常識として知っていることになっています．

E: 学部では教えないのに，大学院では当たり前の感じ．学部のカリキュラムにちゃんと入れたらよいですね．

E: 1, 2 章を飛ばして，3 章から読むことは可能ですか．

A: 可能です．厳密にいうと 2 章のはじめの方に説明されている群についての概念を知っている方がいいですが，いろいろと例もあげてありますので，3 章から読んでもわかると思います．なるべく前半と後半とは独立して読めるようにしたつもりです．

E: このテーマでいまホットなところを，(宣伝も込めて) 大いに語って下さい．

A: なんといっても「体積予想」でしょう．カシャエフ (R. A. Kashaev) の 1996 年の研究に端を発するものなのですが，もっとも簡単な場合でいうと，結び目に対しその補空間に曲率が -1 の定曲率空間，つまり双曲面を 3 次元化した感じの構造が入るとき，この構造に関する全体積がジョーンズ多項式やその一般化から決まるというのです．本文の最後で取りあげられている不変量のことです．一般の 3 次元多様体の場合ですと，量子 $SO(3)$ 不変量と呼ばれるものからこのような体積が求められるであろうという予想になります．この量子 $SO(3)$ 不変量も，やはり最後で定義された不変量を用いて定義されます．さらには，体積だけでなく，チャーン–サイモンズ不変量と呼ばれるものも出てくることが期待されています．

これらのことから，R-行列と 3 次元多様体の幾何的な構造との間になんらかの関係があることが期待されるのですが，つい最近，その一部が明らかになったとの報告がありました．この本を最後まで読んでおけば，こうした最新の研究にも入りやすくなると思います．

著者略歴
村上　順（むらかみ　じゅん）

1957年　東京都に生まれる
1981年　東京大学大学院理学系研究科
　　　　修士課程修了（数学専攻）
現　在　早稲田大学理工学部数理科学科
　　　　教授・理学博士

すうがくの風景 3
結び目と量子群　　　　　　　定価はカバーに表示

2000年6月10日　初版第1刷
2020年4月25日　　　第14刷

著　者　村　上　　　順
発行者　朝　倉　誠　造
発行所　株式会社　朝　倉　書　店

東京都新宿区新小川町6-29
郵便番号　162-8707
電　話　03(3260)0141
FAX　03(3260)0180
http://www.asakura.co.jp

〈検印省略〉

© 2000 〈無断複写・転載を禁ず〉　　三美印刷・渡辺製本

ISBN 978-4-254-11553-6　C3341　　Printed in Japan

JCOPY　〈出版者著作権管理機構 委託出版物〉
本書の無断複写は著作権法上での例外を除き禁じられています。複写される場合は、
そのつど事前に、出版者著作権管理機構（電話 03-5244-5088, FAX 03-5244-5089,
e-mail: info@jcopy.or.jp）の許諾を得てください。

好評の事典・辞典・ハンドブック

数学オリンピック事典	野口 廣 監修	B5判 864頁
コンピュータ代数ハンドブック	山本 慎ほか 訳	A5判 1040頁
和算の事典	山司勝則ほか 編	A5判 544頁
朝倉 数学ハンドブック［基礎編］	飯高 茂ほか 編	A5判 816頁
数学定数事典	一松 信 監訳	A5判 608頁
素数全書	和田秀男 監訳	A5判 640頁
数論＜未解決問題＞の事典	金光 滋 訳	A5判 448頁
数理統計学ハンドブック	豊田秀樹 監訳	A5判 784頁
統計データ科学事典	杉山高一ほか 編	B5判 788頁
統計分布ハンドブック（増補版）	蓑谷千凰彦 著	A5判 864頁
複雑系の事典	複雑系の事典編集委員会 編	A5判 448頁
医学統計学ハンドブック	宮原英夫ほか 編	A5判 720頁
応用数理計画ハンドブック	久保幹雄ほか 編	A5判 1376頁
医学統計学の事典	丹後俊郎ほか 編	A5判 472頁
現代物理数学ハンドブック	新井朝雄 著	A5判 736頁
図説ウェーブレット変換ハンドブック	新 誠一ほか 監訳	A5判 408頁
生産管理の事典	圓川隆夫ほか 編	B5判 752頁
サプライ・チェイン最適化ハンドブック	久保幹雄 著	B5判 520頁
計量経済学ハンドブック	蓑谷千凰彦ほか 編	A5判 1048頁
金融工学事典	木島正明ほか 編	A5判 1028頁
応用計量経済学ハンドブック	蓑谷千凰彦ほか 編	A5判 672頁

価格・概要等は小社ホームページをご覧ください。